设施蔬菜生产与成本核算（南方本）

SHESHI SHUCAI SHENGCHAN
YU CHENGBEN HESUAN
NANFANGBEN

主　编／万　群（成都农业科技职业学院）
副主编／熊维全（成都市农林科学院园艺所）
参　编／阳　淑（成都农业科技职业学院）
熊丙全（成都农业科技职业学院）
练华山（成都农业科技职业学院）
审　稿／刘小俊（四川省农业科学院园艺所）

四川大学出版社

责任编辑:唐　飞
责任校对:张京驰
封面设计:墨创文化
责任印制:王　炜

图书在版编目(CIP)数据

设施蔬菜生产与成本核算：南方本 / 万群主编.
—成都：四川大学出版社，2016.7
ISBN 978-7-5614-9682-4

Ⅰ.①设…　Ⅱ.①万…　Ⅲ.①蔬菜园艺-设施农业-四川省②蔬菜园艺-设施农业-成本计算-四川省
Ⅳ.①S626②F326.13

中国版本图书馆 CIP 数据核字（2016）第 162561 号

书名　**设施蔬菜生产与成本核算(南方本)**

主　　编　万　群
出　　版　四川大学出版社
地　　址　成都市一环路南一段 24 号 (610065)
发　　行　四川大学出版社
书　　号　ISBN 978-7-5614-9682-4
印　　刷　郫县犀浦印刷厂
成品尺寸　170 mm×240 mm
印　　张　13.75
字　　数　267 千字
版　　次　2016 年 8 月第 1 版
印　　次　2016 年 8 月第 1 次印刷
定　　价　28.00 元

◆读者邮购本书,请与本社发行科联系。
电话:(028)85408408/(028)85401670/
(028)85408023　邮政编码:610065
◆本社图书如有印装质量问题,请
寄回出版社调换。
◆网址:http://www.scupress.net

前言

蔬菜是我国农民增收致富的主要经济作物。随着种植成本的增加，蔬菜栽培比较效益降低，利用现代设施、先进生产技术提高蔬菜生产效益是蔬菜产业发展的必由之路。本教材是省级示范建设的研究成果，作者从事蔬菜栽培教学科研多年，在编写期间无数次深入蔬菜生产企业、蔬菜种植基地调研，获取了大量一手资料。本教材的编写历经3年，全面展现了四川地区蔬菜生产设施的基本情况，总结了四川地区蔬菜设施生产的实用性和科学性，融入了作者多年来在教学科研中积累的经验与智慧。

本教材从四川地区尤其是成都地区现代设施蔬菜生产实际出发，以培养新型职业农民和家庭农场主为目标，采用项目教学方式，将理论融于实践，主要介绍了现代育苗技术及成本预算、大棚的建造及成本预算、温室的类型及结构、水肥一体化、蔬菜春提早生产及成本预算、蔬菜秋延后生产及成本预算、蔬菜无土栽培、大棚蔬菜周年生产模式的制订等内容。

本教材在编写过程中得到了西南大学宋洪元教授、四川省彭州市农发局游敏、成都金田农业有限责任公司曾安俊、成都尚作有机蔬菜生产基地周成合等的大力支持和帮助，在此一并表示感谢。

本教材在编写过程中借鉴参考了许多专家、学者的论著，谨致谢意。

由于设施蔬菜生产涵盖面广，涉及内容多，错误和不妥之处在所难免，敬请各位专家、学者及广大师生提出宝贵意见。

编　者

2016 年 6 月

目　录

项目一　蔬菜育苗……………………………………………………………（1）

任务1　种子处理 ……………………………………………………………（1）

任务2　撒播育苗 ……………………………………………………………（3）

任务3　容器育苗 ……………………………………………………………（4）

任务4　温床育苗 ……………………………………………………………（9）

任务5　漂浮育苗 ……………………………………………………………（13）

任务6　工厂化育苗 …………………………………………………………（16）

项目二　蔬菜生产设施………………………………………………………（23）

任务1　地膜覆盖 ……………………………………………………………（23）

任务2　水肥一体化 …………………………………………………………（30）

任务3　大棚 …………………………………………………………………（37）

任务4　智能温室 ……………………………………………………………（52）

任务5　蔬菜生产基地的布局 ………………………………………………（58）

项目三　蔬菜春提早生产……………………………………………………（62）

任务1　番茄大棚春提早生产 ………………………………………………（62）

任务2　茄子大棚春提早生产 ………………………………………………（71）

任务3　辣椒大棚春提早生产 ………………………………………………（76）

任务4　黄瓜大棚春提早生产 ………………………………………………（81）

任务5　冬瓜大棚春提早生产 ………………………………………………（87）

任务6　蕹菜大棚春提早生产 ………………………………………………（91）

任务7　生姜大棚春提早生产 ………………………………………………（94）

任务8　豇豆大棚春提早生产 ………………………………………………（99）

任务9　菜豆大棚春提早生产 ………………………………………………（104）

项目四　蔬菜秋延后生产……………………………………………………（112）

任务1　番茄秋延后生产 ……………………………………………………（112）

任务 2　辣椒秋延后生产 …………………………………………………………… (116)
任务 3　茄子秋延后生产 …………………………………………………………… (119)
任务 4　黄瓜秋延后生产 …………………………………………………………… (123)
任务 5　菜豆秋延后生产 …………………………………………………………… (126)
任务 6　豇豆秋延后生产 …………………………………………………………… (129)
项目五　蔬菜无土栽培………………………………………………………… (133)
任务 1　了解无土栽培 ……………………………………………………………… (133)
任务 2　配制营养液 ………………………………………………………………… (137)
任务 3　基质栽培 …………………………………………………………………… (163)
任务 4　水培 ………………………………………………………………………… (174)
项目六　大棚蔬菜周年生产模式的制订……………………………………… (199)
参考文献………………………………………………………………………………… (211)

项目一　蔬菜育苗

任务1　种子处理

一、种子发芽的条件

种子的萌发除了种子本身具有生活力外，还必须有适宜的条件，在充足的水分、适宜的温度和足够的空气条件下才能萌发，有的种子萌发还需要光照条件。

（一）水分

水分是种子发芽所需要的必要条件。条件下种子只有吸够了充足的水分，储藏物质才能变为溶胶，酶才能起作用，代谢活动才能加强。同时水分使种皮变软，通透性增加，促进种子萌发。

（二）温度

种子萌发需要合适的温度。喜温的蔬菜如茄果类、瓜类、部分豆类等，种子发芽适宜的温度为25～32℃，最低发芽温度为11℃，超过35℃时发芽不良；喜凉的蔬菜如白菜类、甘蓝类、萝卜等，种子发芽适宜的温度为20～25℃，最低发芽温度为4℃，超过30℃时发芽受到抑制；耐寒的蔬菜如菠菜、芹菜、莴笋等，种子发芽适宜的温度为15～20℃，最低发芽温度为4℃，超过25℃时不易发芽。

（三）气体

种子发芽需要充足的氧气，一般需要氧气的浓度在10%以上，无氧或氧气不足，容易造成种子发芽不良甚至不能发芽。如果在浸种催芽过程中氧气不足或播种后覆土过厚、苗床积水，则会造成烂种。不同蔬菜种子发芽时需要氧气的浓度不同，豆类蔬菜播种后需要良好的通气环境，瓜类和葱的种子在较低的氧气浓度下也能发芽，芹菜和萝卜对低氧特别敏感。

（四）光照

光照能影响种子萌发。按照种子发芽时对光的要求，将蔬菜种子分为以下3类。

（1）需光性种子：种子发芽需要一定的光照，如芹菜、紫苏、莴苣、胡萝卜等。

（2）嫌光性种子：种子要求在黑暗下才能萌发，如苋菜、葱、韭菜等。

（3）中光性种子：种子发芽对光的反应不敏感，除上述种子外，绝大部分蔬菜的种子属于中光性种子。

二、种子处理

（一）浸种

1. 温汤浸种

温汤浸种是将蔬菜种子放在50～55℃的温水中浸泡15～20 min，水量（体积）为种子体积的3～5倍，并不停地搅拌，期间若水温降到50℃以下，应补充热水使水温维持在50～55℃。当水温下降时继续浸种，保证种子充分吸水，茄果类蔬菜种子浸泡4～8 h，豆类蔬菜种子浸泡2～4 h，南瓜、黄瓜、冬瓜和丝瓜种子浸泡4～8 h，苦瓜种子浸泡12～24 h，西瓜、胡萝卜、菠菜种子浸泡24 h，萝卜、白菜种子浸泡1～3 h，芹菜种子浸泡12～24 h，甘蓝种子浸泡2 h。

2. 药剂浸种

药剂浸种是将种子浸到一定浓度的药液里，以达到杀菌消毒的目的。将种子先用清水浸2～4 h后（茄果类、瓜类、绿叶类蔬菜种子浸种4 h左右，豆类蔬菜种子浸种1 h左右），再浸于不同的药剂中（见表1－1）。用药液处理蔬菜种子时应注意药液用量，以浸过种子5～10 cm为宜，一般为种子量的2倍以上。浸过种的药液可以继续使用多次，但要不断补充减少的药液。浸种用的药剂必须是溶液或乳浊液，不能使用悬浮液。药液浓度和浸种时间都要严格掌握，否则会影响药效或产生药害。

表1－1　不同药剂浸种方法

浸种药剂	浸种时间	备注
10%磷酸三钠溶液	20～30 min	清水洗净后播种，可防治番茄、辣椒等蔬菜的病毒病
2%氢氧化钠溶液	10～30 min	

续表1－1

浸种药剂	浸种时间	备注
200 万单位农用链霉素 200～300 倍	2～3 h	捞出后洗净催芽、播种，可防治蔬菜细菌性病害
0.1%～0.2%浓度的硫酸铜	5～10 min	
100～300 倍液福尔马林	15～30 min	用清水冲洗干净后播种，可预防立枯病、霜霉病、早疫病、晚疫病、瓜类炭疽病、白粉病等真菌性病害
50%多菌灵可湿性粉剂 500 倍液	1～2 h	
50%甲基托布津可湿性粉剂 500～600 倍液	1 h	

（二）药剂拌种

用药粉拌种时，药粉的质量一般为干种子质量的 0.2%～0.3%。拌种时要求种子和农药必须是干燥的，不然易产生药害。用 50%克菌丹可湿性粉剂拌种，用药量为种子质量的 0.2%，可防治茄子黄萎病、枯萎病、褐纹病。用 35%甲霜灵种子处理剂拌种，用药量为种子质量的 0.2%，可防治菜用大豆、蚕豆、大葱、洋葱、十字花科蔬菜等的霜霉病。用 50%福美双可湿性粉剂拌种，用药量为种子质量的 0.2%，可防治萝卜黑腐病、大葱和洋葱黑粉病。用 75%百菌清可湿性粉剂拌种，用药量为种子质量的 0.2%，可防治豌豆根腐病、白菜类猝倒病、胡萝卜黑斑病等。用 70%代森锰锌可湿性粉剂拌种，用药量为种子质量的 0.2%～0.3%，可防治白菜类猝倒病。

（三）催芽

经过浸种的种子，冲洗干净，用纱布包好，放入恒温箱进行催芽。茄果类蔬菜催芽温度为 28℃左右，瓜类蔬菜催芽温度为 30℃左右。番茄种子 2～3 天即可发芽，辣椒、茄子种子需 4～5 天，黄瓜种子需 1～2 天；芹菜、莴笋种子浸种后，反复搓洗，然后放入冰箱冷藏室中 3～5 天即可发芽；芫荽种子播种前，碾压破种壳再温水浸泡，可促进发芽；冬瓜种子较难发芽，温水浸种后，再浸泡 12 h，放在 30℃温度下催芽，5～6 天即可发芽。催芽期间要保持种子湿润，但水分不能太多，不然种子容易腐烂，催芽过程中每天需翻动和透洗种子，以防种子发臭。

任务 2　撒播育苗

一、苗床准备

苗床地要求有机质丰富，疏松透气，具有良好的保水、保肥性能，浇水时不板结，干时不开裂。按厢宽 1.2 m 左右，沟宽 0.3 m 左右作苗床，厢面施入腐熟的有机肥，也可适量加入优质复合肥、磷肥和钾肥等化肥，用量应小，用代森锌或多菌灵 500～800 倍液和 50%敌百虫 600 倍液喷洒于营养土上并充分拌匀消毒，浇足底水，将厢面耙细整平，准备播种。有时为了提高幼苗质量也可配制育苗土育苗，一般是按照菜园土 6 份、腐熟有机肥 4 份进行配制，也可就地取材加入腐熟的食用菌菌渣（pH 在 5.5～7 之间）、秸秆、草炭等有机质，菜园土和有机肥配好后过筛，撒入苗床上，并消毒待用。

二、播种时期

蔬菜的播种时期由定植时 10 cm 深合适的地温出现时期和日历苗龄来确定。从 10 cm 深的地温达到某种蔬菜根系生长的临界温度时起，向后倒推该种菜的日历苗龄天数，就是其播种期。如当地温低于 8℃时番茄根毛停止生长，在适温范围内提高地温可以促进根系发育。所以，早春番茄定植时，地温必须稳定在 8℃以上，长江流域地区番茄的播种期一般在 10 月上中旬，苗龄为 90～100 天，辣椒 120 天左右，黄瓜 30 天左右。

三、播种

播种时既要充分利用苗床，又要防止幼苗过密而徒长。小粒种子如芹菜、莴笋等可按每平方厘米 3～4 粒种子计算，将蔬菜种子用沙或细土混匀，均匀地撒在苗床上，小粒种子一般覆土 0.5～1 cm，中粒种子 1～2 cm，大粒种子 2 cm 左右。覆盖地膜保水保温。

四、苗期管理

当 70%以上幼苗出土后，撤除薄膜，适当降温，把白天和夜间的温度分别降低 3～5℃，防止幼苗的下胚轴旺长，形成高脚苗。定植前对秧苗进行适度的低温、控水处理，增强秧苗对不良环境的适应能力，并促进瓜果类蔬菜花芽分化。一般定植前 7～10 天，通过降温控水，加强通风和光照，进行炼苗。

任务 3　容器育苗

采用容器育苗可缩短蔬菜幼苗移栽的缓苗期，提高成活率，也便于秧苗管理和运输，实现蔬菜秧苗的批量化、商品化生产。

一、育苗容器

目前生产上蔬菜育苗容器主要有营养钵、穴盘等，可根据蔬菜的种类、成苗大小选择相应规格。

（一）营养钵（nutrition pot）

营养钵（又称育苗钵、营养杯），多为聚乙烯塑料制作，如图 1-1 所示。黑色塑料营养钵具有白天吸热，夜晚保温护根、保肥作用，干旱时节具有保水作用，其规格有 5 cm×5 cm、6 cm×6 cm、8 cm×8 cm、9 cm×9 cm、10 cm×10 cm、15 cm×15 cm 等不同型号。用营养钵育苗便于集中培育和移栽，一般瓜类蔬菜常用 5 cm×5 cm 或 6 cm×6 cm 营养钵进行育苗。

(a)　　　　(b)

图 1-1　营养钵

（二）穴盘（plug tray）

以 PVC（聚氯乙烯）或 PS（聚苯乙烯）塑料制作而成，材料厚度 0.3～1.0 mm，PS 材料专业生产，无毒环保，韧性好，透气性好，使用时间较长。目前为便于机械化播种，使用的穴盘已经标准化了，长宽规格多为 54.4 cm×27.9 cm，深度 3.3～5.5 cm；孔穴数有 50～648 个多种类型，其中 50、72、105、128 孔穴盘最常用。番茄、茄子、黄瓜等选用 50 孔穴盘，辣椒、甘蓝、花椰菜等选用 72 孔穴盘，生菜、芹菜、芥菜等选用 128 孔穴盘。常见穴盘规格见表 1-2。

表 1－2　常见穴盘规格

规格	长×宽/cm×cm	上孔径/mm	下孔径/mm	高度/mm	穴盘	容积
50 孔	54.4×27.9	44	20	47		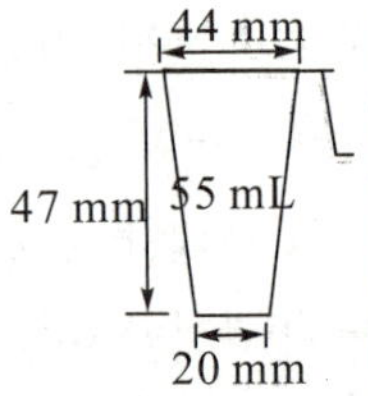
72 孔	54.4×27.9	38	20	44		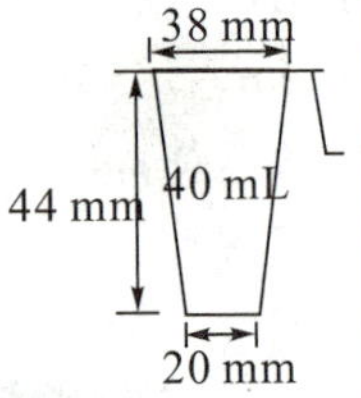
105 孔	54.4×27.9	32	13	39		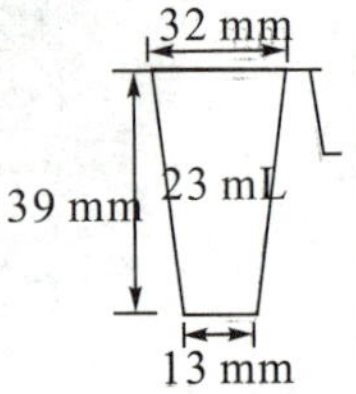
128 孔	54.4×27.9	30	13	38		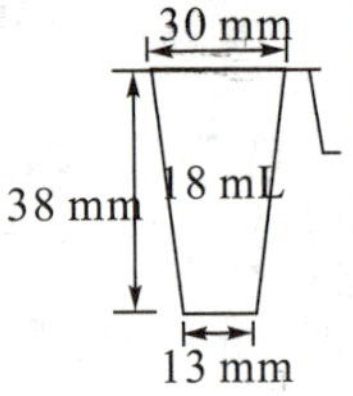

二、准备基质

生产中常见的基质由草炭、蛭石、珍珠岩配制而成。草炭又名“泥炭”，是沼泽植物的残体在水淹缺氧的条件下，不能完全分解堆积而成的一种有机基质，含有很低的腐殖质，如图 1－2 所示。蛭石是一种云母类矿物质在高温作用下膨胀而成的一种层状结构的颗粒，含磷、钾、铝、铁、镁、硅酸盐等成分，具有吸水保肥的作用，但植物可利用的营养成分很低，如图 1－3 所示。珍珠岩是火山喷发的酸性熔岩，经高温加热而成的白色海绵状小颗粒，疏松、透气、质轻，不含矿质营养，如图 1－4 所示。营养土一般由 4 份草炭、1 份蛭石、1 份珍珠岩及少量肥料混匀而成。育苗基质一般以草炭、蛭石和珍珠岩为主，此外可用菌渣、锯末等。目前国内绝大部分穴盘育苗采用草炭＋蛭石＋珍珠岩的复合基质，比例为5∶0.5∶1或8∶1∶2。草炭、蛭石、珍珠岩本身营养元素很少，不能满足幼苗生长的需要，在配制基质时应加入一定量的化学肥料或有机肥。50孔的穴盘装3 L左右的基质，可加入5 g尿素、5 g过磷酸钙、5 g三元复合肥及20 g有机肥。此外，也可购置企业按一定比例配制好的商用基质，该种基质疏松、透气，配制时加入了适量化肥和有机肥，且已消毒，买来后可以直接使用，省时省工，如图1−5所示。

图1−2　草炭

图1−3　蛭石

图1−4　珍珠岩

图1−5　商用基质

三、播种量的确定

为了保证有足够的秧苗，必须确定蔬菜作物的播种量。育苗时播种量的计算方法比较多，较简单的方法是考虑下列因素：单位面积的实际需要种苗数、种子千粒重、种子发芽率、净度及1.2～1.5的安全系数（即增加20%～50%的播种量）。一般条件下，每667 m^2地定植面积所需种子的用量为：番茄20～30 g，辣椒80～120 g，茄子35～40 g，黄瓜150～200 g，甘蓝25～40 g，南瓜250～400 g。播种的计算公式如下：

$$\text{播种量}=\frac{\text{实际需要种苗数}\times\text{种子千粒重}\times\text{安全系数（1.2～1.5）}}{1000\times\text{种子发芽率}\times\text{净度}}$$

四、装盘播种

育苗前对主要用具进行消毒，一般用50～100倍福尔马林或0.05%～0.1%的高锰酸钾对使用过的穴盘进行消毒，消毒后应充分洗净，以免伤苗。播种前，将育苗基质用多菌灵等消毒后装入穴盘，等待播种，同时用清水喷透基质，均匀点播已催芽或浸种的种子；播种时可用手持式简易播种机或盘式播种机，以提高劳动生产率；播种后覆盖基质0.5～1 cm厚，并浇透水，冬季覆盖白色地膜保温保湿，夏季覆盖遮阳网降温保湿。图1−6为穴盘育苗。

图1−6　穴盘育苗

五、苗期管理

当有80%以上的种子发芽出土时，应及时揭去地膜，以防幼苗陡长。白天维持温度为20～25℃，夜晚维持温度在15～20℃，既要防止温度过高引起幼苗疯长，又要防止温度过低使幼苗遭受冻害。当幼苗有1～2片真叶时，应在晴天对叶面喷施一次尿素，浓度为0.1%～0.3%。幼苗期主要害虫为蚜虫，可用吡蚜酮800～1000倍液喷施，病害主要是猝倒病、立枯病，可用代森锌800～1000倍液或托布津800倍液喷施。在起苗前7天左右应逐渐降温，揭去小拱棚膜，减少浇水，使菜苗适应定植后的外界环境。

培育的壮苗标准应是：枝叶完整，无损伤，无病虫害，茎粗、节短、叶厚、叶柄短、色浓绿、根系粗壮、侧根发达。长江流域常见蔬菜护根育苗的苗龄及育苗天数见表1－3。

表1－3　长江流域常见蔬菜护根育苗的苗龄及育苗天数

蔬菜名称	育苗方式	生理苗龄	育苗天数（天）
番茄	大、中棚	8～9片叶，现大蕾	80～90
辣椒	大棚早熟栽培	12～14片叶，现大蕾	100～120
茄子	大棚早熟栽培	9～10片叶，现大蕾	100～120
黄瓜	大棚早熟栽培	5片叶，现花	30～35

六、育苗中常见问题及预防措施

在蔬菜育苗中，因天气或管理不当，秧苗常出现各种不正常生长现象，归纳如下。

（一）出苗不整齐

主要表现为出苗时间不一致或苗床内幼苗分布不均匀。主要原因是由于种子质量差、苗床环境不均匀、局部间差异过大、播种深浅不一致、局部发生了烂种或伤种芽等造成的。预防措施：选择优良种子，提高播种质量，保持苗床环境均匀一致，加强苗期病虫害防治等。

（二）带帽苗

幼苗出土后，种皮不脱落而夹住子叶，俗称“带帽”或“顶壳”。产生的主要原因有覆土过薄、盖土变干。预防措施：覆土厚度均匀适当；苗床底水要足，出苗前，床面覆盖地膜保湿；瓜菜播种时，种子要平放。

（三）沤根

幼苗根部发锈，严重时表皮腐烂，不长新根，幼苗变黄萎蔫，主要是由苗床湿度大、温度低引起的。预防措施：提高地温；控制浇水，避免土壤湿度长时间过高；发生沤根后及时通风排湿，或撒施细干土或草木灰吸湿。

（四）烧根

幼苗根尖发黄，不发新根，但根不烂，地上部生长缓慢，矮小发硬，不发棵，形成小老苗，主要是由施药量或施肥量过大、浓度过高或苗床过旱所致。预防措施：配制育苗土时不使用未腐熟的有机肥，化肥不过量使用并与床土搅拌均匀；科学合理用药，用药前苗床保持湿润；若产生药害，及时喷清水。

（五）徒长苗（高脚苗）

产生的主要原因有光照不足、夜间温度过高、氮肥和水分过多、种苗过密等。预防措施：增加光照，保持适当的昼夜温差；播种量适当，并及时间苗、分苗，避免幼苗拥挤；控制浇水，不偏施氮肥。

（六）老化苗

老化苗又称老僵苗、小老苗，定植后发棵慢，易早衰，产量低，主要是由苗床水分长时间不足、温度长时间过低、蹲苗时间过长引起的。预防措施：严格掌握好苗龄，蹲苗时间长短要适度；维持较为适宜的床土湿度，防止长时间干旱造成幼苗老化；提供较为充足的水分和养分，并维持较高的温度，增加光照，促进秧苗的光合作用；如果出现僵苗，可喷施 10～30 mg/kg 赤霉素，使用后及时增施肥料，并使秧苗多照光，以促进秧苗的正常生长。

（七）冻害苗

冻害苗主要是由苗床温度过低引起的。预防措施：改进育苗手段，采用人工控温育苗，如电热温床育苗等；通过加厚草苫、覆盖纸被、加盖小拱棚等措施加强夜间保温；适当控制浇水，合理增施磷肥，提高秧苗抗寒能力。

任务 4　温床育苗

电热温床是利用电热加温线进行土壤加温的一种保护设施，多在温室、大棚内的平厢下面铺设电热线而成，电热温床育苗升温快，调节方便，铺设简单，投资少，电热设备易于拆除，设备利用率高，能有效提高地温和近地表气温，解决冬春季育苗地温偏低的难题，缩短育苗期（缩短 10～30 天），秧苗质量高。

一、加温设备

电热加温是利用电流通过阻力大的导体将电能转化为热能，使床土增温并保持一定温度。加温设备主要有电热线（电加温线）和控温仪。电加温线长60～320 m，功率为400～2200 W。

（一）电热线

温床育苗用的电热线分为土壤加温线（地热线）和空气加温线两种，均采用合金材料作电热丝，最好不要混用。地热线绝缘层采用耐高温聚氯乙烯或聚乙烯注塑，厚度在0.7～0.95 mm之间，比普通导线厚2～3倍。导线和电热线接头处采用高频热压工艺，不漏水、不漏电。常用的电热线一般为长100 m、功率为800 W（黄色）和长120 m、功率为1000 W（绿色）的电热线。电热线主要技术参数见表1－4。

表1－4　电热线主要技术参数

型号	电压/V	功率/W	长度/m	色标	使用温度/℃
dV20406	220	400	60	棕	≤40
dV20410	220	400	100	黑	≤45
dV20608	220	600	80	蓝	≤40
dV20810	220	800	100	黄	≤40
dV21012	220	1000	120	绿	≤40
dV21512	220	1500	120	红	≤40

注：引自周长吉《现代温室工程》，2003。

（二）控温仪

控温仪主要采用农用控温仪，控温范围为10～40℃，灵敏度±0.2℃。以热敏电阻作测温头，以继电器的触点作输出，仪器本身工作电压220 V，最大荷载2000 W。

二、计算布线间距

（一）确定功率密度

电热温床的功率密度是指温床单位面积在规定时间内（7～8 h）达到所需温度的电热功率，用W/m^{2}表示。电热温床功率密度的选用见表1－5，四川地区常用功率密度为100 W/m^2。

表 1-5　电热温床功率密度选用参考　　单位：W/m^2

设定温度/℃	基础地温/℃			
	9～11	12～14	15～16	17～18
18～19	110	95	80	—
20～21	120	105	90	80
22～23	130	115	100	90
24～25	140	125	110	100

注：引自张彦萍《设施园艺》，2010。

（二）计算布线距离

已知电加温线根数的计算布线间距的方法如下：

$$铺设面积=\frac{电加温线根数\times每根的功率}{选定功率}$$

例如，有 1 根 1000 W 电加温线，选定功率 100 W/m^2，则可以铺设电热温床面积=（1×1000）/100=10（m^2）。

已知苗床面积的计算布线间距的方法如下：

$$总功率=苗床面积\times选定功率$$

$$用线根数=\frac{总功率}{额定功率}$$

$$布线行数=\frac{线长-床宽}{床长-0.01}$$

$$布线间距=\frac{床宽}{行数+1}$$

不同电热线规格和设定功率的平均布线间距见表 1-6。

表 1-6　不同电热线规格和设定功率的平均布线间距

设定功率/（W/m^2）	电热线规格			
	每条线长 60 m、400 W	每条线长 80 m、600 W	每条线长 100 m、800 W	每条线长 120 m、1000 W
70	9.5	10.7	11.4	11.9
80	8.3	9.4	10.0	10.4
90	7.4	8.3	8.9	9.3
100	6.7	7.5	8.0	8.3
110	6.1	6.8	7.3	7.6
120	5.6	6.3	6.7	6.9

续表1－6

设定功率/（W/m^2）	电热线规格			
	每条线长 60 m、400 W	每条线长 80 m、600 W	每条线长 100 m、800 W	每条线长 120 m、1000 W
130	5.1	5.8	6.2	6.4
140	4.8	5.4	5.7	6.0

注：引自张彦萍《设施园艺》，2010。

三、铺设苗床

先挖宽 1.2 m、深 10 cm 的低厢，铺上隔热层，隔热层可就地取材，用稻草、珍珠岩、秸秆或草炭等，再铺上一层细土，用木板挂平，就可以铺设电热线了。在厢两侧按布线间距钉上小木桩或竹棍（为了使整个温床的温度比较均匀，一般在铺设电热线时人为地调整一下，要求中间稀，两边密），电热线在木桩上绕过，线要拉得松紧均匀，使线与地面呈平行状态，线的另一头在厢的中央时，可就地钉桩固定，把引线扯到厢外，然后开始绕另一条线。如线过长，可在床内多绕一道，然后铺上营养土。如果直接在营养土上播种，铺土的深度为 10 cm；如果用穴盘育苗，铺土的深度为 2～3 cm，轻轻覆薄土后用脚踏实，固定线的位置。电加温线的接头在控温仪上引出的电源线上，控温仪按仪器说明接通电源，把感温插头插入控温位置。当苗床面积在 16 m^2 以下、总功率小于 2000 W、电流 10 A 以下时，用单相接法，直接接入电源或安装一个控温仪；总功率大时要安装交流接触器以扩大容量，并装配电盘。图 1－7 为电热线的铺设。

(a)　　(b)　　(c)

图 1－7　电热线的铺设

四、电热线使用注意事项

（1）电加温线的电阻是额定的，使用时只能并联，不能串联；不能接长或截短使用，否则不能升温或线烧断。

（2）电加温线不能交叉、重叠或打结，成圈的线不能在空气中进行通电试验或使用，以免积热烧结、短路或断线。

（3）电加温线两头应放在栽培床一侧，便于接电源和控温仪等。电加温线接头应放在地表以上。

（4）在具体铺设时，要适当缩小温床两边布线间距，增大中间布线间距，使整个电热温床温度均匀。

（5）布线和收线时不要硬拉，不能用锹挖掘，以免挖断或破坏绝缘层。旧线使用前应检查绝缘层是否断线。

任务5 漂浮育苗

漂浮育苗又叫漂浮种植，是将装有轻质育苗基质的泡沫穴盘漂浮于水面上，种子播于基质中，秧苗在育苗基质中扎根生长，并能从基质和水床中吸收水分和养分的一种新的育苗方法。该方法始于20世纪80年代末，美国烟草采用漂浮育苗法进行育苗。漂浮育苗方法简单，管理简便，秧苗生长健壮，根系发达，无病虫害，便于移栽，且移栽成活率很高。夏季蔬菜育苗中应用漂浮育苗法更加简单实用，经济有效。

一、苗床准备

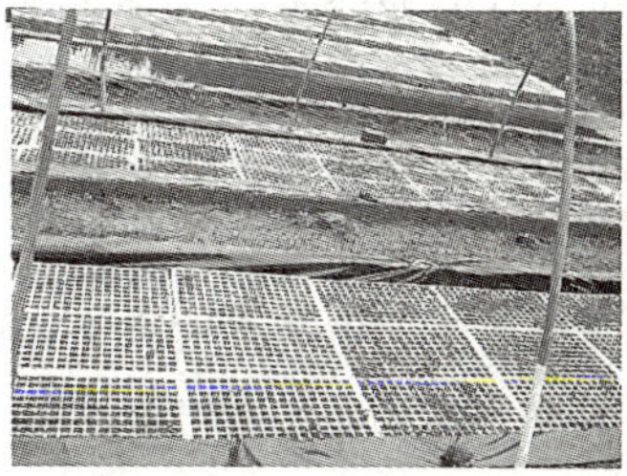

图1-8 漂浮育苗苗床

苗床多为长方形，用红砖、空心砖、木板或竹竿做成临时苗床，苗床宽度根据各地浮盘的规格而定，如用200穴的苗盘（68 cm×34 cm），4块盘并列放置或2块盘垂直放置时，苗床宽度可做成1.0～1.2 m，深15～20 cm。夏季高温多雨，苗床四周挖好排水沟，苗床底部整平用沙子、细土垫平苗床底部整平后拍实，用除草剂和杀虫剂喷洒池底。用黑色尼龙塑料薄膜或10～12 mm的厚薄膜铺底，以防治长苔藓。薄膜的边缘要盖在苗床边梗或木板上。最好能在薄膜一侧做一标尺，这样便于以后掌握灌水高度和施肥浓度。苗床做好后，于播种前一周灌水，盖上薄膜以提高水温，并检查是否有漏水发生，如发现渗漏，应及时更换薄膜或彻底补好漏洞。图1-8为漂浮育苗苗床。

二、苗床加水

苗床用水必须清洁、无污染，可用井水、自来水或河水，禁止用坑塘水，以防黑胫病、根黑腐病等发生。水深 10～12 cm。

三、漂浮盘的选择与消毒

漂浮盘采用 81 孔、136 孔、160 孔或 200 孔的聚苯乙烯塑料泡沫漂浮盘；外形尺寸为（54～64）cm×（34～40）cm×（5.0～5.5）cm；密度 18 目以上，质量 180～220 g，穴上口是边长为 3 cm 的正方形，孔深 5 cm，底孔孔径 0.7～0.8 cm，孔深 0.5 cm，孔径小，吸水性差，孔径大，漏基质，都会影响出苗，如图 1－9 所示。

图 1－9　漂浮盘

第一次使用的漂浮盘不带病菌，使用前不必消毒。使用过的漂浮盘可能带上病菌，使用前必须用 0.1%高锰酸钾或 15%次氯酸钠溶液或 1%～2%的福尔马林溶液或 20%石灰水浸泡清洗苗盘，方法是将漂浮盘放入装有上述消毒液的池子中浸泡 10 min 以上，取出集中覆盖薄膜熏蒸 1～2 天，揭膜晾干后即可。

四、基质的准备

保持基质既有较强的吸水性和持水性，又有较好的透气性和透水性。基质材料要相对较轻，使盘入水后培养基既吸到水，又不使水过深。漂浮育苗基质可以从专业的生产厂家购买，也可以自己配制。基质以富含有机质的材料为主，要求如泥炭、草炭、秸秆、菇渣或腐熟的植物残体，再配以适当比例的疏水材料，如蛭石和膨化珍珠岩。目前国内绝大部分穴盘育苗采用草炭＋蛭石＋珍珠岩的复合基质，比例为 5∶0.5∶1 或8∶1∶2。混合基质时可用干净薄膜铺在地上，再将基质按比例混合好，然后用清洁水浇湿混合基质，浇的水不能太多，也不能太少。基质水分一般为 40%～50%，即手捏成团，落地自然散开。基质最好提前预湿。

五、装盘与播种

（一）装盘

装盘松紧适中，具体方法是将基质铺满全部孔穴后用手轻拍盘侧 3 次，再铺上基质，刮去盘面上多余的基质即可，如图 1－10 所示。注意不能用手指或木棍压实基质，不能干装，

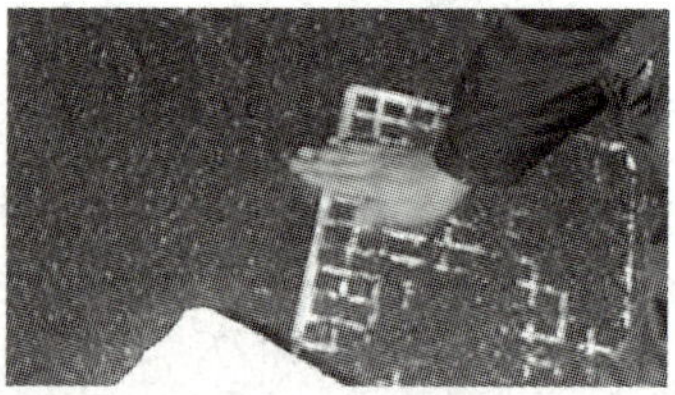

图 1－10　装盘

不能空穴。

（二）播种

每穴播 1~2 粒种子，轻轻播入基质中，播种深度为 0.5~1 cm，然后覆盖基质约 2 mm 厚，并用木板刮平。装好基质的漂浮盘应在当天完成播种，并且当天放入漂浮池，以免水分散失影响出苗。

六、放盘

将盘轻放入漂浮池，使苗盘沉入水中刚好达 1 cm，使基质能吸到水，但又不使苗盘沉入水中过深（超过 1 cm），这样既对出苗有利，又能保证基质内的空气较多，有利于根系生长发育，如图 1—11 所示。盖上无纺布或遮阳网，用喷雾器洒上适量水分。

(a)　　(b)

图 1—11　放盘

七、苗期管理

（一）揭去无纺布

当出苗达到 80%以上时揭去无纺布，查苗、补苗、间苗。当 80%秧苗进入小十字期后，进行间苗、补苗，间除大、小苗，保留中等苗，每穴留苗 1 株，缺苗处用多余的苗补上。间苗、补苗 3 天后揭去遮阳网。

（二）温度及水分管理

夏秋季节育苗的重点是遮强光降温，晴天要注意防止高温烧苗，中午若遇高温暴晒，要用遮阳网遮阴，当棚内温度高于 38℃时，小棚采取两头通风，大棚需要开启门窗通风降温，并保持四周通风良好。当水位下降时，注意及时补充清洁水，以保持 10~12 cm 深的水位不变。

（三）补充肥料

当 2 片子叶平展时，育苗池中要加入肥料或营养液，以供秧苗生长需要。

每个苗床可加入全水溶性肥料或直接加入复合肥。先将肥料用清洁水溶解，然后均匀倒入苗池中，并搅拌均匀，注意不能浇在苗盘上。

图 1－12　炼苗

八、炼苗

移栽前 4～7 天，根据苗情，每天晚上可将苗盘从苗池中取出，放在苗床边，翌日早晨又将苗盘放入苗池中，使秧苗适应露地环境，如图 1－12 所示。移栽前 3 天，从苗床中取出育苗盘，大棚两侧昼夜大通风。移栽前可对秧苗喷施较低浓度的多菌灵或百菌清溶液，以预防病害。

任务 6　工厂化育苗

工厂化育苗是采用塑料穴盘为容器，用精良播种机播种，催芽室催芽，一次成苗的一种育苗方法，育苗从基质混拌、装盘、压穴到播种、覆土 、喷水等一整套作业在一条作业线上完成，并且可以实现自动控制。控制过程为：①基质搅拌混合；②基质的提升；③基质填充入穴盘并刷平；④压穴；⑤精密播种；⑥覆土；⑦穴盘喷水；⑧穴盘的运送。将播完种子的穴盘送入催芽室（根据农艺要求也可以不用催芽，视具体情况而定），然后移入温室育苗（见图 1－13）。除了精密播种生产线以外，其他辅助设备可根据实际需要进行选择。

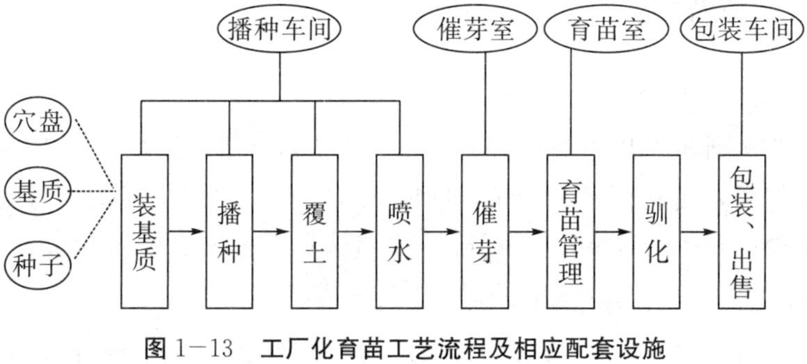

图 1－13　工厂化育苗工艺流程及相应配套设施

一、播种机

工厂化育苗一般采用精良播种机进行播种，该播种机可同时配制基质、装盘、压穴、播种、覆土、喷水等整个过程。目前，按结构形式，国内外温室精良播种机可分为针管式播种机、板式播种机和滚筒式播种机；按自动化程度，可分为手动播种机、半自动播种机和全自动播种机。手动播种机又可分为点播机、手持振动式播种机；半自动播种机可分为手持管式播种机和板式播种机；全自动播种机可分为针式精良播种机、滚筒式播种机。

（一）点播机

点播机为真空吸附式，每次吸附 1 粒种子，更换不同吸嘴可以适用不同种子，也可用于批量精良播种后补空穴和消除重播，适用于小型育苗生产者。

（二）手持振动式播种机

手持振动式播种机主要适用于小型育苗生产或播少量种子。使用时将其倾斜一定角度，手柄处的振动器会产生振动，使种子槽内的种子呈线性流至穴盘内。

（三）手持管式播种机

手持管式播种机由播种管、针头、种子槽、气流调节阀等部分组成，工作原理是真空吸附，如图 1－14 所示。播种管配有不同规格的针头，分别适合 72、128、200、288 孔的穴盘。播种时，将播种管置于种子槽上方，用手指封住播种管上方的圆孔，调整气流调节阀，让每个针头都吸附 1 粒种子，然后移动播种管到穴盘上方，手指离开圆孔，即可完成播种。该播种机的特点是结构简单、使用方便，适用于中小型穴盘苗生产播种量较少的种子。

图 1－14　手持管式播种机

（四）板式播种机

板式播种机用带有吸孔的盘播种，首先在盘内形成真空吸附种子，再将盘整体转动到穴盘上方，并在盘内形成正压气流释放种子进行播种，然后盘回到吸种位置重新形成真空吸附种子，进入下一循环的播种，如图 1－15 所示。播种方式为间歇步进式整盘播种，播种速度很快。针对规格化的穴盘，配备相应的播种模板，1 次播种 1 盘。板式播种机的优点是价格低、操作简单、播种精确。

图 1－15　板式播种机

（五）针式精良播种机

针式精良播种机工作时利用一排吸嘴从振动盘上吸附种子，当育苗盘到达播种机下面时，吸嘴将种子释放，种子经下落管和接收杯后落在育苗盘上进行播种，然后吸嘴自动重复上述动作进行连续播种，如图 1－16 所示。使用时需要根据种子情况，调整真空压力和吸嘴与种子盘距离等参数。为防止种子中的杂质堵塞吸嘴，该播种机还配置自清洗式吸嘴。针式精良播种机的主要特点是操作简便、适应面广、省工省时，能在各种穴盘、平盘或栽培钵中播种，并可进行每穴单粒、双粒或多粒形式的播种。

图 1－16　针式精良播种机

（六）滚筒式播种机

滚筒式播种机工作时利用带有多排吸孔的滚筒，首先在滚筒内形成真空吸附种子，转动到育苗盘上方时，滚筒内形成低压气流释放种子进行播种，接着滚筒内形成高压气流冲洗吸孔，然后滚筒内重新形成真空吸附种子，进入下一循环的播种，如图 1－17 所示。一只滚筒能做成两种位置或两种孔径的吸孔，用于两种种子或两种育苗盘的播种。

图 1－17　滚筒式播种机

二、催芽室

播种完后，穴盘放入催芽室中进行催芽。催芽室主要设备有育苗盘架、育苗盘和加热装置，如图 1－18 所示。育苗盘架用来放置育苗盘，将育苗盘排放在催芽室的育苗架上，盖一层地膜保湿。催芽室温度保持在 28～30℃，空气湿度保持在 90％以上。当育苗盘内有 60％～70％种子顶土时，即可出室。

图 1－18　催芽室

三、育苗室

图 1-19　育苗室

育苗盘中出苗率达 60%左右时，即可将育苗盘由催芽室移入育苗室进行育苗，如图 1-19 所示。工厂化育苗过程中，某些蔬菜作物秧苗在一定阶段需要给予适宜的温度、湿度、光照、水分和矿质营养，根据苗情促控结合，使秧苗健壮生长。

知识拓展一：

电热温床育苗成本核算

一、电热温床育苗成本预算要求

（一）种子费用

外购种子或调换的良种按实际支出金额计算，自产留用的种子按中等收购价格计算。

（二）肥料费用

商品化肥或外购农家肥按购买价加运杂费计价，种植的绿肥按其种子和肥料消耗费计价，自备农家肥按规定的分等级单价和实际施用量计算。

（三）农药费用

农药费用按蔬菜实际使用量计价。

电热温床育苗成本预算见表 1－7。若不用电热温床，则扣除电热线和电费的成本即可。

表 1－7　电热温床育苗成本预算

育苗种类			育苗数量		
成本构成要素	所需成本要素的特点				
	种类或品种	单价	数量	总价	备注
种子					
农药					
肥料					
电热线					
电费					

续表1-7

穴盘					
基质					
人工					
土地租金					
其他费用					
成本总计					

二、电热温床育苗成本构成实例

（一）种子成本

$$种子成本=\frac{种子单价\times穴盘孔数}{每克种子粒数}$$

例如，辣椒种子单价 10 元/克，每克辣椒种子有 200 粒左右，可点种 50 孔穴盘，每盘种子成本＝（10×50）/200＝2.5（元）。

（二）基质

基质可用草炭、珍珠岩、蛭石配制，按照草炭∶蛭石∶珍珠岩＝5∶0.5∶1（体积比）的比例配制，如草炭 0.6 元/升，蛭石 1 元/升，珍珠岩 1 元/升，每盘基质装 3 L，则每盘基质成本约为 2 元。也可以直接购买配制好的基质，常用育苗基质价格为 25 元/袋，每袋可装 10 盘，则每盘成本为 2.5 元。

（三）育苗盘折旧

每张穴盘 2 元，使用 2 年，每盘 1 元。

（四）地膜

农用地膜单价 13.5 元/千克，每盘 0.023 元。

（五）电热线及电费

一根电热线 1000 W 加控温仪约 70 元，可以铺 10 m^2，一穴盘占地约 0.16 m^2，一根电热线成本 1.1 元/盘。育苗 30 天，每天 24 度电，单价 0.5 元/度，每盘用电 5.4 元（30 天）。

（六）农药

一个标准钢架大棚地面杀菌约 50 元，苗盘及基质消毒 50 元，定苗前后防病 2 次 60 元，定苗后到出棚防病 3 次 60 元，共计 220 元。每盘 0.2 元。

（七）化肥

配制基质时每盘基质加尿素 5 g，过磷酸钙 10 g，有机肥 20 g，两叶一心期喷磷酸二氢钾等肥料，之后到出棚每次浇水时加叶面肥浓度 0.2%，约 10 次。每盘约 0.15 元。

（八）人工

人工包括平整地面、拌料、装盘工、播种（人工播或机械播）、摆盘、铺地膜、出苗时装车等。平时水肥管理需 1 个长期工人，1 个长期工人可管理 2 个大棚。

知识拓展二：

育苗土块育苗

育苗土块（营养砖）是指将培养土（营养土）压制成型，用于育苗的土块。土块配制材料用量大，所以多就地取材。不同国家差异较大，成分多为有机质，如荷兰一般用泥炭 80%左右，黏土和细沙各 10%左右，再加少量肥料配成。我国常用腐熟厩肥（或泥炭）80%，土 20%。要求土块松紧适度，不硬不散，有足够的营养物质保证幼苗生长。不同的作物类型，对土块的大小和配制要求不同。近几年来，在蔬菜育苗和花卉育苗时，常用一种压缩成小块状的营养钵，有的称为育苗碟或压缩饼，使用时吸水膨胀成钵，不必再加入营养土或基质。我国用苔藓、草炭、木屑（pH 为 5.5 左右）压缩成饼状，直径 4.6 cm，高 5～7 mm，加水吸胀后可以增高到 4.5～5 cm（见图 1－20）。

(a) (b)

图 1－20 营养土块育苗

项目二　蔬菜生产设施

任务 1　地膜覆盖

随着塑料工业的发展，尤其是农用塑料薄膜的出现，全世界利用塑料薄膜覆盖地面，进行蔬菜和其他作物的生产均获得良好效果。地膜（mulching film）是工业部门生产的专用于农作物地面覆盖栽培的塑料薄膜。其主要特点是：质地很薄（0.005～0.02 mm），韧性强，透光性好。

一、地膜的种类

地膜的种类很多，根据制作工艺不同分为：①普通高压低密度聚乙烯地膜；②低压高密度聚乙烯地膜；③线性低密度聚乙烯地膜；④线性与高压聚乙烯共混膜。根据用途分为：有色地膜和特殊功能地膜。

（一）有色地膜

1. 白色地膜

图 2-1　白色地膜

如图 2-1 所示，白色地膜又称为透明地膜，是应用最普遍的地膜，因此也称为普通地膜，厚度 0.005～0.02 mm，幅宽 80～300 cm 不等，其透光率和热辐射率均达 90%以上。根据其厚度不同分为：①广谱地膜，厚度 0.01～0.02 mm，每千克膜的面积为 67～90 m^2，每覆盖 667 m^2 地（按 80%覆盖度计算）理论上用膜 7.5～10 kg；②微薄地膜，厚度 0.005～0.01 mm，增温保墒接近广谱地膜，强度和透光性不及广谱地膜，一般只做地面覆盖，每千克膜的面积为 108～135 m^2，每 667 m^2 地用量为 4～6.2 kg。

优点：膜透光性好，土壤增温效果明显，早春可使耕层土壤增温 2～4℃，高温时期膜下地表温度可达 60℃以上，适用于低温、寒冷的干旱与半干旱地区。

缺点：土壤湿度大时，膜内形成雾滴会影响透光，透明地膜因为透光性好，覆盖下面易生杂草，所以在铺膜前最好喷洒除草剂。

2. 黑色地膜

如图 2－2 所示，黑色地膜是在聚乙烯树脂中加入 2～3％的炭黑制成，厚度 0.01～0.03 mm，透光率只有 1％～3％。

图 2－2　黑色地膜

优点：膜透光率很低，阳光大部分被膜吸收，膜下杂草因缺光黄化而死，具有较好的灭草作用，覆盖后灭草率可达 100％，除草、保湿、护根效果稳定可靠。夏季白天还有降温作用，因而防止土壤水分蒸发的性能比透明地膜强。

缺点：黑色地膜在阳光照射下，本身增温快、湿度高，但传给土壤的热量较少，故增温作用不如透明地膜，一般可使土温升高 1～3℃。同时自身较易因高温而老化。

应用：适用于夏季覆盖，在番茄、辣椒、黄瓜、甜菜、西瓜、花生等作物上均可应用。

3. 绿色地膜

绿色地膜是在聚乙烯树脂原料中加入一定量的绿色母料，经挤出吹塑而成，厚度 0.01～0.015 mm。

优点：绿色地膜覆盖能使植物进行旺盛光合作用的可见光（波长 0.4～0.72 μm 光谱）透过量减少，绿光增加，因而能抑制杂草叶绿素形成，可降低地膜覆盖下杂草的光合作用，达到抑制杂草生长的目的。

缺点：绿色地膜价格较贵，且易老化，使用期缩短。

应用：对于土壤的增温作用强于黑色地膜，但不如透明地膜。绿色地膜的作用是以除草为主、增温为辅，可替代黑色地膜用于春季除草，对茄子、甜椒、草莓等作物也有促进地上部分生长和改进品质的作用。因此，可在一些经济价值较高的作物上或设施栽培时用于地面覆盖。

4. 银灰色地膜

银灰色地膜是在聚乙烯原料中加入含铝的银灰色母料，经挤出吹塑而成，厚度 0.015～0.02 mm，透光率在 60%左右。

优点：除具有普通地膜的增温、增光、保墒及防病虫的作用外，突出特点是可以反射紫外光，能驱避蚜虫，减轻因蚜虫而传播的病毒病的发生和蔓延。

缺点：对土壤的增温效果不明显。

应用：主要用于夏秋季高温期间防蚜、防病、抗热栽培。实践证明，夏秋季节用于覆盖黄瓜、西瓜、番茄、菠菜、芹菜、莴苣等作物，不但有良好的防病虫作用，还能改善这些农作物的品质。

5. 银黑双面地膜

如图 2—3 所示，银黑双面地膜一面为银灰色，一面为黑色，使用时银灰色朝上，黑色贴地面。这种膜比黑白双面地膜具有更强的反光作用和降低地温的功能，同时能驱避蚜虫，减轻病毒病的发生，抑制植物的徒长，厚度 0.03～0.05 mm，用量大，成本高。

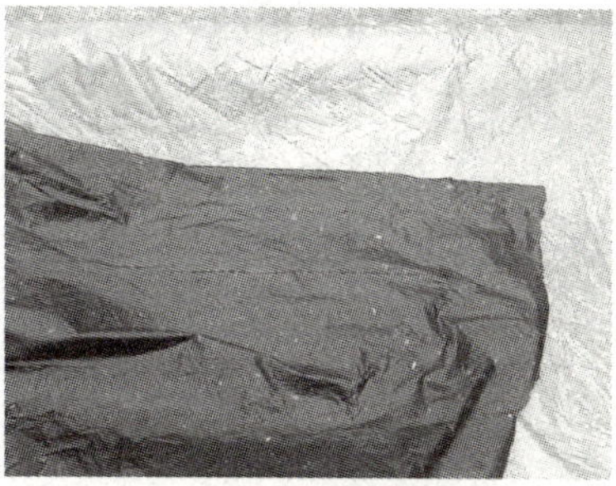

图 2—3　银黑双面地膜

6. 银灰色条带地膜

银灰色条带地膜是在透明或黑色地膜上，纵向均匀地印上 6～8 条 2 cm 宽的银灰色条带。除具有一般地膜性能外，还有驱避蚜虫、防病毒病的作用。这种膜比银灰色地膜的成本明显降低，且避蚜效果也略有提高。

7. 黑白双面地膜

黑白双面地膜一面为乳白色，一面为黑色，厚度 0.02～0.025 mm。乳白色向上，有反光降温作用；黑色向下，有灭草作用。由于夏季高温时降温除草效果比黑色地膜更好，因此主要用于夏秋蔬菜、瓜果类抗热栽培，具有降温、保水、增光、灭草等功能。

8. 黑白条带地膜

定植作物的地方为白色，利于土壤增温；其余部分为黑色，可抑制杂草滋生。

9. 蓝色地膜

蓝色地膜的主要特点是保温性能好，在弱光照射条件下，透光率高于普通膜，在强光照射条件下，透光率低于普通膜，保温性能良好。这种膜既可用于水稻育苗，苗壮、根多、成苗率高；也可用于蔬菜、花生和草莓等作物，能抑制十字花科蔬菜的黑斑病菌生长，具有明显的增产和提高品质的作用；还可用于蔬菜、草莓、马铃薯等作物的覆盖栽培。

10. 红色地膜

美国农业科研人员研究了彩色地膜对草莓和番茄及其他作物的增产效果，发现红色地膜比黑色地膜更能刺激作物生长，植物会利用更多的能量进行地上部分的光合作用。红色地膜能透射红光，同时可阻挡其他不利于作物生长的色光透过，从而使作物生长旺盛。实践证明，红色地膜能满足水稻、玉米、甜菜等对红光的需要，可使水稻秧苗生长旺盛，甜菜含糖量增加，胡萝卜长得大，韭菜叶宽肉厚，收获期提前。

11. 其他有色地膜

除上述有色地膜外，还有乳白地膜、黄色地膜、紫色地膜等。乳白地膜热辐射率达 80%～90%，接近透明地膜，透光率只有 40%，对于杂草有一定抑制作用，主要用于平铺覆盖，可较好地解决透明地膜覆盖草害严重的问题。用黄色地膜覆盖栽培黄瓜，可促其现蕾开花，增产 1～1.5 倍；覆盖栽培芹菜和莴苣，植株生长高大，抽薹推迟；覆盖矮秆扁豆，植株节间增长，豆类生长壮实。紫色地膜对菠菜有提高产量、抽薹推迟、延长上市季节的作用。

总之，有色地膜在我国农业生产上的应用时间不长，但从试验结果来看，它与无色地膜相比，有增加农作物产量、提高农产品质量、减轻植物病虫害等效果。但有色地膜针对性较强，在使用时要根据农作物种类和当地的自然条件进行选择。例如，黄色地膜对黄瓜有明显的增产作用；蓝色地膜虽然能提高香菜维生素 B 的含量，但会使黄瓜的产量降低。此外，由于太阳光照射的强弱与不同地区的地理纬度有关，光质与光量的关系又十分复杂等原因，要求我们在使用有色地膜时，必须经过仔细的研究与实践，在取得一定经验后再进行推广。

（二）特殊功能地膜

1. 耐老化长寿地膜

耐老化长寿地膜是在聚乙烯中加入适量耐老化助剂，厚度 0.015 mm。这种膜强度高，使用寿命较普通地膜长 45 天，适用于“一膜多用”的栽培方式，且便于旧地膜的回收加工利用，不致残膜留在土壤中，其价格较高。

2. 有孔地膜

有孔地膜是在地膜吹塑成型后，根据作物对株行距的要求，经切割，在膜上打上大小、形状不同的孔，铺膜后不用再打孔，即可播种或定植，既省工又标准。打孔的形式有两种：一种是切孔膜，即在膜上按一定幅度作断续条状切口，将适宜撒播或条播的作物，如胡萝卜、白菜等播种后，幼苗可自然地从切口长出，不会发生烤苗现象，但增温、保墒效果差；另一种是经圆刀切割打孔，播种孔的直径为 3.5～4.5 cm，适宜点播所用，孔径 10～15 cm，专供移栽定植大苗所用。有孔地膜覆盖较普通地膜显著增强了土壤通气性，并能缓解土壤温度、水分变化，增加有益微生物，提高土壤酶活性，促进矿物质释放，从而进一步提高植株根、叶活力。但有孔地膜专用性强，多用于保护地蔬菜栽培。

3. 反光膜

反光膜是采用特殊的工艺将由玻璃微珠形成的反射层和PVC、PU等高分子材料相结合而形成的一种新颖的反光材料。实践表明，在保护地（大棚）蔬菜、果树、花卉，以及露天果园中应用银色或银灰色反光膜，能起到补光增温作用，使作物增产、提高品质，达到增产增收的目的，是一项节能、增效的新技术。尤其在冬季低温寡照的温室内使用，补光增温效果更好。这种膜用于果园地面覆盖，可增加地面反射光，利于下部果实着色，增加糖分，并可防止落果。

4. 渗水地膜

渗水地膜也称为微孔地膜，是在普通地膜上用激光打出微孔（孔径2～3 mm，200～2000孔/m^2），可使雨水渗入膜下，有利于小雨量降水入渗。同时又能增加土壤的通透性，防止膜下土壤CO_2含量过高，有利于根际好气性有益微生物的活动和促进根系呼吸与活力，进而促进作物生长。与普通地膜相比，渗水地膜不仅可以增加降水入渗量，有效解决膜中心区容易出现干旱的问题，也能够显著改善土壤通气条件，使作物根际二氧化碳和其他有害气体浓度降低2～4倍，提高根系的活力和代谢强度，更可使地上部分叶绿素含量增加，显著延缓植株衰老进程。同时，渗水地膜覆盖使土壤微生物数量增加，促进了矿物质的释放，并降低了土传病害的发生。渗水地膜还可缓温调温保水，促进作物成熟，改善作物品质。

5. 可降解地膜

目前国内外开发应用的可降解地膜种类主要有光降解地膜、生物降解地膜和光—生物复合降解地膜。可降解地膜有效覆盖期短，一般用于春季覆盖提温，覆盖前期提高地温，促进生长，中后期分解成碎片。

6. 多功能型地膜

世界各国还研究开发出了一些多功能型地膜。例如添加有机肥料型地膜，为了解决化肥污染问题，生产地膜时把粒状固体有机肥料混入到以木浆为主要原料的纸地膜中，制造有机肥料型地膜。这种地膜本身含有对作物生长所需的成分，可以被生物降解而对环境有利，同时又省去了施肥过程，在很大程度上减轻了农民作业的负担。

日本一些公司还开发出用浸入植物精油的方法制造具有防虫、杀菌效果的多功能防虫型地膜，这些植物芳香油对人来说是芳香，但对嗅觉灵敏的野狗、野猫、老鼠等害兽和害虫有忌避作用。日本研制的红外膜是在聚乙烯树脂中加入透红外线助剂，使薄膜能透过更多的红外线，增温效果可以提高20%左右。

7. 液态地膜

液态地膜是以富含腐殖酸的风化煤为主要原料添加活性剂、交联剂、除草剂等混合而成的多功能可降解黑色液态地膜。液态地膜既具有塑料地膜的增温、保墒、保苗的作用，又有较强的黏附能力，可将土粒联结成理想的团聚体。液态地膜是一种水溶性高分子固相聚合物，具有成膜的特性，喷施后能在地表形成一层很薄的固化膜，常温下在一定时间内不溶于水，但能自然降解，在蔬菜生产上具有保水、防草及增产效果。液态地膜的特点是：用后翻压入土，可成为土壤改良剂；可现场喷施造膜；可自然出苗；对地形地貌适应能力强。

使用方法：先将原粉用1.5～2倍的清水化开搅拌成细腻的糊状，10 min后，再加4倍清水（连同袋内的小包添加剂一起化开倒入）搅拌均匀（即每10 kg原粉兑60 kg水），经滤网过滤后，用喷雾器均匀地喷覆地面。喷施液膜与作物播种同时进行，即播即喷。

二、地膜用量计算

地膜用量是由地膜的密度、厚度、覆盖面积和理论覆盖度共同决定的。为了能比较准确地估算出所需地膜的用量，可采用以下经验公式计算：

地膜用量＝0.95×覆盖田面积×地膜厚度×理论覆盖度

式中：0.95为地膜的平均密度，覆盖田面积用m^2，地膜厚度用mm。

例如，选用地膜厚度为0.008 mm，理论覆盖度分别为80%、110%（全膜覆盖，包括压茬重叠部分）时每公顷地膜用量分别为：

覆盖度为60%时的地膜用量

$$0.95\times10000\times0.008\times80\%=60.8\ (kg/hm^2)$$

覆盖度为110%时的地膜用量

$$0.95\times10000\times0.008\times110\%=83.6\ (kg/hm^2)$$

三、地膜覆盖技术

铺膜时，膜的边缘在畦的1/2～2/3处，以利于水分渗入到畦中，薄膜一定要紧贴地面，表面要平整，薄膜四周应用细土压紧，如图2－4所示。有条件的可采用机械化操作。定植时，可用打孔器按一定的株行距在薄膜上打上孔，也可用手开孔，但一定不要把薄膜弄坏了，定植后应用细土将定植孔四周盖住。

图 2-4　地膜覆盖

四、地膜覆盖效应

（一）提高膜下土壤温度

春季低温季节提高 1～10 cm 土层 2～6℃，夏季无遮阴膜下地温可达 50℃，有遮阴比露地高 1～5℃，土壤潮湿时比露地低 0.5～1℃。

（二）保持土壤湿度

地膜覆盖后，减少了土壤水分蒸发，可以长期保持土壤湿润，降低空气湿度，减少灌水次数，节约用水，减少病虫害发生，地膜能使耕作层土壤的相对含水量提高 2%～5%，每 667 m^2 可减少灌水 100～150 m^3；暴雨季节地膜又利用排水，减少涝害。

（三）改良土壤性状

地膜覆盖后，提高了土壤温度，微生物活动加强，有机质分解快，降低雨水冲刷，减少灌溉次数，因此能防治土壤板结，保持土壤疏松，提高肥料的利用率，有利于根系的生长，盖膜后土壤总空隙度提高 4%～5%，土壤保持疏松状态，但氧气含量有所下降，非氧气成分增加。

（四）防止地表盐分聚集

覆盖地膜后可以抑制地面蒸发，防止土壤深层盐分随蒸发水向耕作层运动和积累，降低土壤表层盐分积累，减轻盐分对植物的危害。

（五）增强作物的光能利用率

覆盖白色和银灰色地膜后，部分光照可以通过地膜反射到植物下部，增加近地面光照。据报道，覆盖地膜可使近地面的散射和反射光强度增加 50%～70%，气温提高 1～3℃，既能减轻低温危害，又能促进光合作用。

（六）地膜覆盖与霜冻问题

地膜覆盖的膜上气温，白天高于无覆盖区域的表层气温，晚上却相反，这是因为夜间土壤放出的热量被薄膜阻隔，形成膜下土层的温度高，膜上土层的温度低，早春或晚秋容易发生冻害，所以单独采用地膜覆盖时，覆盖时间不能提得太早或者地膜加小拱棚栽培。

（七）地膜覆盖与病虫害的关系

地膜覆盖温度回升快，加速了地下害虫的活动，进而加速了地下害虫的危害，银灰色地膜可以驱避蚜虫，大棚及温室中进行地膜覆盖降低了空气湿度，进而可以减轻病害的发生。

（八）可以促进植物生长

由于地膜覆盖增加土壤温度，提高土壤湿度，因此可以促进种子发芽出土及加速营养生长，促进作物早熟，促进植株发育和提高产量，提高产品质量，增强作物抗逆性，管理简化，节水省工。

任务 2 水肥一体化

水肥一体化是将灌溉与施肥融为一体的农业新技术。水肥一体化是借助压力灌溉系统，将可溶性固体肥料或液体肥料配兑而成的肥液与灌溉水一起，均匀、准确地输送到作物根部土壤。水肥一体化系统由首部枢纽、输配水管网、灌水器、管道附件四部分组成。

一、水肥一体化设施

（一）首部枢纽

首部枢纽的作用是从水源取水、增压，并将其处理成符合微灌施肥要求的水流送到系统中去，包括水泵、过滤设备、施肥设备等。首部枢纽是整个系统操作控制中心。

1. 水泵

水泵的种类有离心泵、潜水泵、喷灌专用泵，通过动力机（电动机、柴油机、汽油机）带动吸水。在有供电的情况下，应尽量采用电动机为动力，无电地区只能采用柴油机、汽油机；轻小型喷灌机组为移动通常采用喷灌专用自吸泵，并配以柴油机、汽油机带动。

2. 过滤设备

(1) 砂砾过滤器：由细砾石和分选过的各级沙料分层铺设于过滤罐中构成，它是利用砂石作为过滤介质的，在过滤罐中放 1.5～44 mm 厚的砂砾石，污水通过进水口进入滤罐，经过砂石之间的孔隙截流和浮获，从而达到过滤的目的，主要适用于有机物杂质的过滤，具有较强的截获污物的能力。砂砾过滤器主要由进水口、出水口、过滤罐体、砂床和排污孔等部分组成。一般作为一级过滤器。

(2) 离心过滤器：水流沿切线方向流入圆形或圆锥形过滤罐，作旋转运动，水流产生离心力，在离心力作用下，比水重的杂质移向四周，逐渐下沉，清水上升，水砂分离。可以连续过滤高含沙量的水，但是与水比重相近或较轻的杂质及有机物，过滤作用不明显，只能作为初级过滤器。

（3）筛网过滤器：过滤介质是尼龙筛网或不锈钢筛网。主要用于过滤灌溉水中的粉粒、沙和水垢等污物，也可用于过滤含有少量有机污物的灌溉水，但当有机物含量稍高时过滤效果很差，尤其是当压力较大时，大量的有机污物会挤过筛网而进入管道，造成系统与灌水器的堵塞。一般作为二级过滤器，灌溉水质较好时使用。

（4）叠片过滤器：水流通过过滤叠片时，过滤叠片在弹簧力和水力的作用下被紧紧地压在一起，杂质颗粒被截留在叠片交叉点，经过过滤的水从过滤器主通道中流出。当达到一定的压差时，反冲洗水沿叠片切线的方向高速喷射，将截留在叠片上的杂质喷洗甩出。当反冲洗结束时，水流方向再次改变，系统重新进入过滤状态，叠片过滤器过滤精确，清洗效果好，全自动运行，出水连续。

3. 施肥设备

（1）压差式施肥罐：灌溉时把可溶性肥料或肥料溶液装入储液罐内，然后把罐口封好，关紧罐盖。先接通输液管并打开阀门，再接通进水管并打开阀门，然后关小微灌输水管上的施肥调压阀门，使其产生局部阻力水头损失，形成一定压差，使罐中肥料溶液通过输肥管进入阀后输水管中，随灌溉水流进行施肥。压差式施肥罐的优点是加工制造简单，造价较低，不需外加动力设备，操作简单，不需外部动力，适合液体和固体肥料；缺点是溶液浓度变化大，无法控制，肥料要运到最高处施用，不适宜自动化。

（2）泵吸式施肥器：如图 2－5 所示，水泵一边吸水，同时一边吸肥，通过水泵将肥料或农药注入灌溉系统与水混合后输送到灌溉管网中，可以用潜水泵和离心泵两种。离心泵施肥适用于大面积施肥，一次可施肥 3～20 亩；潜水泵施肥则适用于较小面积施肥，一次可施肥 3～5 亩。泵吸式施肥目前大面积应用的主要施肥模式，优点是施肥速度和浓度均匀，肥料浓度容易控制，施肥效率高，操作方便，施肥看得见；缺点是需外加动力和设备，费用较高。

图 2－5　泵吸式施肥器

（3）定量施肥泵：如图 2－6 所示，通过定量施肥器吸取肥料与水混合后输送到输水管网中，可以精确而稳定地计量养分浓度与灌溉水量，不受主流管水压及出水速率变化的影响，按比例施肥。定量施肥泵的优点是计量精确，浓度均匀，不受水压变化的影响，没有水头损失；缺点是昂贵，维护成本高，活动部件易磨损。

（4）自压施肥罐：是将肥料装入高于灌溉地块的储液箱中，打开供水阀，水进入储液箱将药剂溶解，关闭供水管阀门，打开储液罐输液阀，储液箱中的肥料溶液就自动地随水流输送到灌溉管道和灌水器中，对作物施肥施药。自压施肥罐的优点是用开敞容器，使用方便，造价低；缺点是压力小，由于开敞容器小，需频繁注水。

（5）文丘里施肥器：如图 2－7 所示。文丘里施肥器与灌区入口处的供水管控制阀门并联安装，使用时将控制阀门关小，造成控制阀门前后有一定的压差，使水流利经过安装文丘里施肥器的支管，水流通过文丘里管产生真空吸力，将肥料溶液从敞口的肥料桶中均匀吸入管道系统进行施肥。文丘里注入装置可与开放式肥料箱配套组成施肥装置，其结构简单，造价低廉，使用方便，非常适合小型灌溉。

图 2－6　**定量施肥器**

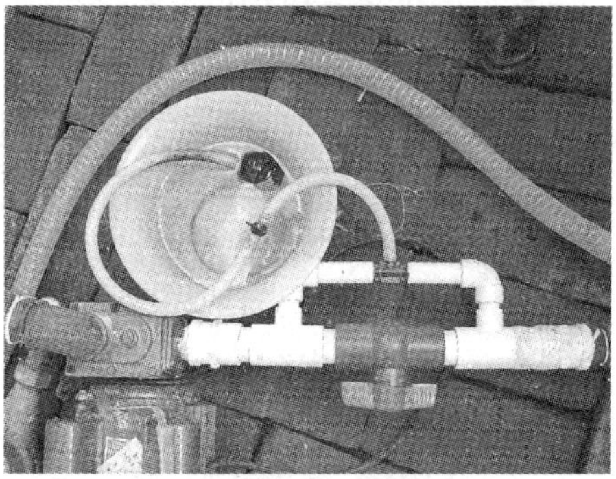

图 2－7　**文丘里施肥器**

（二）输配水管网

输配水管道是将首部枢纽处理过的水按照要求输送、分配到每个灌水单元和灌溉水器，包括干管、支管和毛管，由各种管件、连接件和压力调节器等组成，其作用是向田间和作物输水和配水。水肥一体化的管道多用塑料管道，主要材料有高压聚乙烯、聚乙烯、聚氯乙烯、聚丙烯，其中常用的有高压聚乙烯和聚氯乙烯。这两种材料的管道具有较高的承压能力。其中，聚氯乙烯多用于主管和支管，高压聚乙烯用于小直径管道，如毛管、支管和连接件等。

（三）灌水器

灌水器的作用是将微灌施肥系统中的压力水（肥液）等，通过不同结构的流道或孔口，消减压力，使水流变成水滴、雾状、细流或喷洒状，直接作用于作物根部或叶部。灌水器按结构和水的出流形式可分为滴灌、微喷和喷灌带三大类。灌水器主要有滴管和喷灌两种，目前常用形式是以滴灌和微喷与施肥的结合居多。

1. 喷灌

喷灌是利用管道将有压水送到灌溉地段，并通过喷头分散成细小水滴，均匀地喷洒到田间，对作物进行灌溉。喷灌的类型有：按喷出水滴的细小程度分为微喷和雾喷；按喷灌特征分为定喷式喷灌和行喷式喷灌；按系统获得压力的方式分为机压喷灌和自压喷灌；按系统设备组成分为管道式喷灌和机组式喷灌；按系统主要组成部分是否移动和移动的程度分为固定式、半固定式和移动式。

(1) 固定式喷灌系统：如图 2—8 所示，各组成部分除喷头外，在整个灌溉季节，甚至常年都是固定不动的。水泵和动力机组成固定的泵站，干管和支管埋入地下，进行轮灌，或在非灌溉季节卸下进行保养。固定式喷灌系统的优点是使用操作方便，易于管理和养护，生产效率高，运行费用低，工程占地少；缺点是工程投资大，设备利用率低，同时固定在田间的竖管，对机耕有一定的妨碍。因此，一般只在灌水频繁，经济价值高的蔬菜及经济作物采用固定式喷灌系统。

图 2—8　固定式喷灌

(2) 半固定式喷灌系统：支管在一个位置上与给水栓连接进行喷洒，喷洒完毕，可移动至下一个位置与下一个给水栓连接。这样的喷灌系统比固定式喷灌系统设备利用率高，投资也较省，操作起来比移动式喷灌系统劳动强度低些，生产效率也高些。因此，很多国家的喷灌系统多为半固定式喷灌系统。图 2—9 为半固定喷灌带。图 2—10 为半固定式棚。

图 2−8　半固定喷灌带

图 2−9　半固定式棚

（3）移动式喷灌系统：如图 2−11 所示，在田间仅有固定的水源（塘、井或渠道），而动力、管道及喷头都是移动的。这样在一个灌溉季节里，一套设备可以在不同地块上轮流使用，提高了设备的利用率，降低了单位面积设备的投资。将移动部分安装在一起，甚至省去干管和支管，构成一个整体称为喷灌机。移动式喷灌系统使用灵活，但管理劳动强度大，路渠占地多。

图 2−11　移动式喷灌

2. 滴灌

滴灌利用低压管道系统把水或溶有肥料的溶液均匀而缓慢地滴入蔬菜根部附近的土壤，如图 2−12 所示。滴灌完全避免了输水损失和深层渗漏损失，特别在炎热干旱季节及透水性强的地区，省水效果尤为显著；能适应各种地形条件，实现灌溉自动控制，节省劳力；省地省肥。滴灌设备投资较高，不破坏土壤结构，土壤内部水、肥、气、热经常保持适宜于作物生长的良好状况，蒸发损失小，不产生地面径流，几乎没有深层渗漏，是一种省水的灌溉方式。滴灌适应于黏土、砂壤土、轻壤土等；滴灌的地面输水管采用结构简单，组装、拆卸较方便，因此适应各种复杂的地形，工程建设不需做大量的平地工作。图 2−13 为内镶式滴灌带。

图 2－12　滴灌

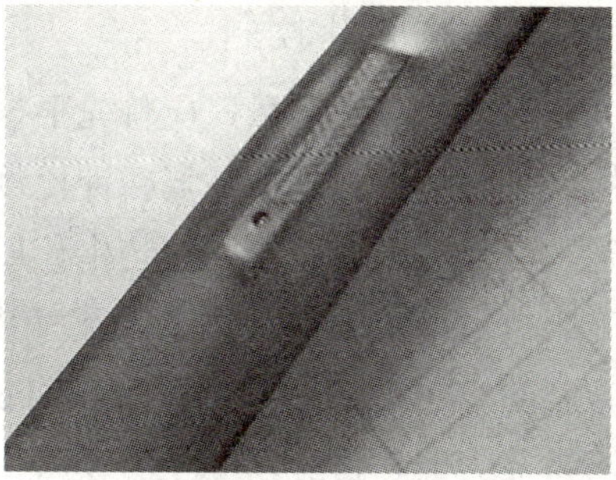

图 2－13　内镶式滴灌带

按滴头所在的位置分为管间滴头和管上滴头。管间滴头直径与毛管相近并串接在毛管中间，管上滴头插入毛管并固定在管壁上。

按对水压的反应分为常规滴头和压力补偿式滴头。常规滴头流量随水压的增加而增加；压力补偿式滴头能随压力变化而改变过水断面或流道长度，保持水量基本不变，如图 2－14 所示。

图 2－14　压力补偿式滴灌管

二、肥料的选择

水肥一体化系统施用肥料要求养分浓度高，能完全溶于水中，不会堵塞过滤器和滴头，能与其他肥料混合，与灌溉水的相互作用小，不会引起灌溉水 pH 的剧烈变化，对控制中心和灌溉系统的腐蚀性小。常用的水溶性肥料单质有：尿素、硫酸铵、氯化铵、硝酸铵钙、磷酸二氢钾、氯化钾、硝酸钾、工业级二铵和一铵、水溶性硫酸钾。复合型：水溶性氮磷钾复混肥（我国称为“大量元素水溶肥”）；有机无机型：加入了氨基酸、黄腐植酸、海藻酸的氮磷钾复混肥。尽量选择水溶性微灌专用肥，增加磷肥基施比例，弱耐氯作物，增加钾肥（硫酸钾）基施比例。

三、水肥一体化操作技术

（一）肥料溶解与混匀

施用液态肥料时不需要搅动或混合，一般固态肥料需要与水混合搅拌成液肥，必要时分离，避免出现沉淀等问题。

（二）施肥量控制

施肥时要掌握剂量，应首先根据种植作物的需肥规律、地块的肥力水平及目标产量确定总施肥量，氮磷钾比例及底、追肥的比例。作底肥的肥料在整地前施入，追肥则按照不同作物生长期的需肥特性，确定其次数和数量。实施微灌施肥技术可使肥料利用率提高 40％～50％，水肥一体化施肥的用肥量为常规施肥的 50％～60％，过量施用可能会使作物致死并造成环境污染。以设施栽培番茄为例，目标产量为 10000 kg/667 m^2，每生产 1000 kg 番茄吸收 N：3.18 kg、P_2O_5：0.74 kg、K_2O：4.83 kg，养分总需求量是 N：31.8 kg、P_2O_5：7.4 kg、K_2O：48.3 kg；设施栽培条件下，当季氮肥利用率为 57％～65％，磷肥为 35％～42％，钾肥为 70％～80％；实现上述产量应亩施 N：53.12 kg、P_2O_5：18.5 kg，K_2O：60.38 kg，合计 132 kg（未计算土壤养分含量）。如果无法采取以上分析，则可以控制肥料溶液的 EC 值来确定施肥浓度，一般蔬菜的 EC 值为 1～3 ms/cm 即稀释浓度为 1～3 g/L，相当于稀释 350～1000 倍。

（三）灌溉施肥

第一阶段，选用不含肥的水湿润；第二阶段，施用肥料溶液灌溉；第三阶段，用不含肥的水清洗灌溉系统。施肥操作，是在灌溉进行 20～30 min 后开始，并确保在灌溉结束前 20 min 以上的时间内结束，这样可以保证对灌溉系统的冲洗和尽可能地减少化学物质对滴头的堵塞。施肥操作要按照施肥方案将肥料准备好，对于溶解性差的肥料，可先将其溶解于水中，然后按照施肥装置操作要求将肥料倒入施肥装置内进行操作。不同的施肥装置在操作细节上有所不同。注意施肥的均匀性，原则上施肥越慢越好。特别是对在土壤中移动性差的元素（如磷），延长施肥时间，可以极大地提高养分的利用率。在旱季滴灌施肥，建议施肥时间 2～3 h 完成。对不缺水的土壤，建议在保证施肥均匀度的情况下，越快越好。

（四）结束灌溉

所有地块灌溉施肥结束后，喷施肥料后先喷一次清水。灌溉清水的量不宜太大，一般使土层深度 20～40 cm 保持湿润即可。过量灌溉不但浪费水，严重的是养分淋到根层以下，浪费肥料，作物减产。特别是尿素、硝态氮肥（如硝酸钾、水溶性复合肥）。再关闭灌溉系统水泵开关，然后关闭田间的各开关。对过滤器、施肥罐（器）、管路等设备进行全面的检查和维护，以达到下一次正常运行的标准。

任务3　大棚

一、大棚的类型与结构

我国南方地区常用的大棚类型：①按棚顶形状，可分为拱圆形、屋脊形等；②按连接方式，可分为单栋大棚、连栋大棚等；③按骨架材料，可分为竹木结构、钢竹混合结构、混凝土竹架结构、钢筋混凝土结构、钢架结构、塑钢结构等。四川地区常见的为竹架大棚和钢架大棚两种。

1. 竹架大棚

以竹竿或竹片为拱架材料，竹架大棚的跨度一般为4～6 m，高2～2.6 m，两侧肩高1.1～1.3 m，长20～40 m，拱杆间距0.5 m左右，单栋生产面积200 m^2左右，如图2-15所示。四川地区的竹架大棚一般中间设一排立柱或不设立柱，便于操作。

图2-15　竹架大棚

优点：取材容易，建造方便，造价低廉，每亩约3000元，成本低，建造灵活方便，是农村地区普遍采用的一类大棚。

缺点：透光率低，通风不便，棚内湿度较高，拱架强度低，抗风雪能力差，易朽烂，每年需要维修和更换，有立柱的操作管理不太方便。

2. 钢架大棚

以热镀锌薄壁钢管为拱架材料，又称为镀锌薄壁钢管组装式大棚。钢架大棚是我国定型生产的系列标准大棚，最初由中国农业工程研究设计院（GP系列）、中国科学院石家庄农业现代化研究所（PGP系列）和上海农业机械研究所（P系列）设计制造。目前我国南方地区使用较多的是中国农业工程研究设计院设计制造的GP系列大棚，随着技术的发展及各地气候条件不同，现在南方地区大棚的特点和规格都有很大变化。表2-1为我国南方地区推广使用的装配式镀锌钢架大棚的主要参数。

表2-1　我国南方地区推广使用的装配式镀锌钢架大棚的主要参数

型号	跨度/m	长度/m	高度/m	肩高/m	拱间距/m	钢管外径×壁厚/(mm×mm)
P422C	4	20	2.1	1.4	0.65	22×1.2

续表2－1

型号	跨度/m	长度/m	高度/m	肩高/m	拱间距/m	钢管外径×壁厚/(mm×mm)
P622C	4	30	2.5	1.4	0.5	22×1.2
GP－C425	4	20	2.1	1.2	0.65	25×1.2
GP－C625	6	30	2.5	1.2	0.65	25×1.2
GP－C825	8	42	2.8	1.3	0.55	25×1.2

图 2－16 为大棚型号代号。图 2－17 为带肩大棚轴线点高度示意。图 2－18 为钢架大棚类型。

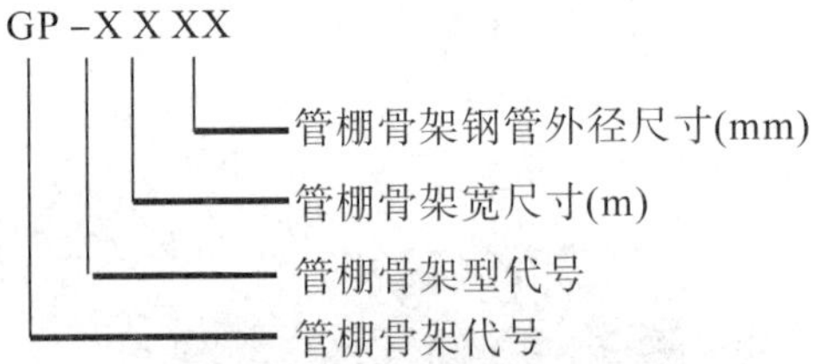

图 2－16　**大棚型号代号**

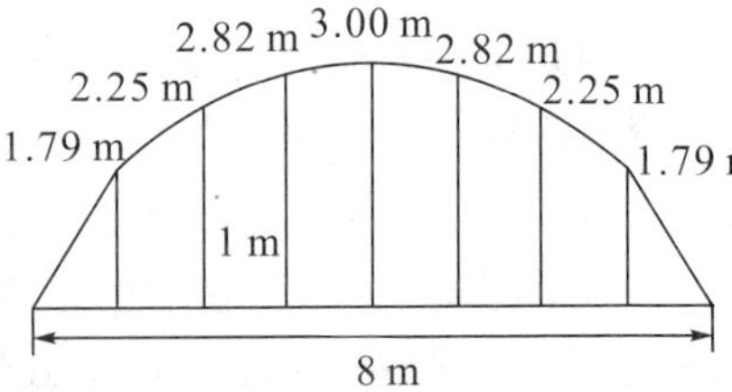

图 2－17　**带肩大棚轴线点高度示意图**

图 2－18　**钢架大棚类型**

四川地区一个标准的钢架大棚为宽 8 m，长 30 m，拱杆间距离 1 m，如图 2－19所示。钢架大棚的长、宽、高可根据当地的气候条件、地块的大小和形状做适当的调整，一般宽度可为 6 m、7 m、8 m、9 m，长度 20～40 m，顶高 2.6～3.5 m，侧高 1.2～1.8 m。

图 2－19　**四川钢架大棚**

优点：耐腐蚀性强，强度高，抗风雪能力强，防锈蚀性能好，透光率高，操作管理方便，使用寿命可达10～15年，棚架各部件之间均用专用卡件连接，坚固，装配拆卸方便，架材轻巧，一个标准大棚全重约500 kg，通风换气方便。

缺点：造价高，一次性投入大，每亩投入约1.5万元，保温性差。

二、大棚所需材料

（一）骨架

1. 竹架大棚骨架材料

如图2－20所示，竹架大棚的拱杆可用宽4～5 cm的毛竹片或直径2～3 cm的细竹竿，竹片长度视棚宽度而定。一个6 m宽的大棚，所用竹竿的长度为4～5 m，设3～5道拉杆，拉杆常用细竹竿。

图2－20　竹架大棚骨架材料

2. 钢架大棚骨架材料

主体骨架：拱杆、纵拉杆、摇膜杆、棚门组合，材料要求热浸镀锌钢管。拱杆采用ø25 mm×1.5 mm，棚顶配置ø25×1.5纵向管三道。大棚前后端部各配有2000×2000的钢制推门一套（滑动门）。棚顶配置四道卡槽。配置压膜绳，间隔3 m一组。

连接件：拱杆接头（顶接管）、卡槽、卡槽连接片、管槽固定器、固定夹、U形卡、门铰、压顶簧、卡簧。

图2－21为钢架大棚骨架材料。

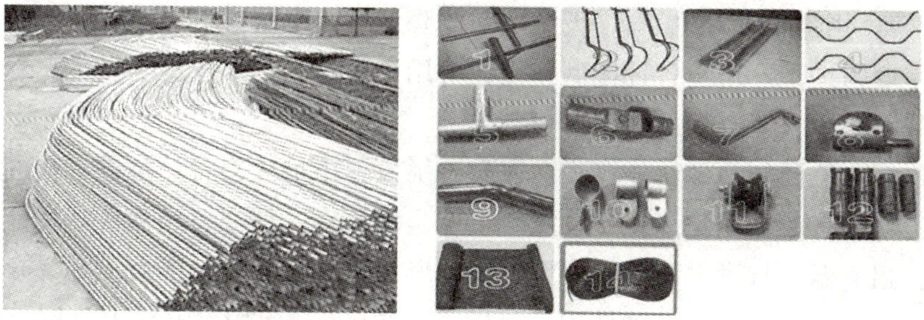

（a）主体骨架　　（b）连接件

图2－21　钢架大棚骨架材料

（二）棚膜

大棚薄膜应选择透光率高、保温性强、抗张力、抗农药、抗化肥力强的无滴、无毒、质量轻的透明薄膜。对于进行周年栽培的大型大棚，要求使用较厚的薄膜，可连续使用2～3年后更换。作简易栽培的大棚，在短期内即可采收完毕，不必使用厚薄膜，可每年更换一次较薄的薄膜。我国目前常用的大棚膜主要有四种：第一种是聚氯乙烯（PVC）膜；第二种是聚乙烯（PE）膜；第三种是乙烯—醋酸乙烯共聚物（EVA）膜；第四种是调光性农膜。目前，南方大棚蔬菜生产上应用较多的是聚乙烯膜，聚氯乙烯膜应用较少，乙烯—醋酸乙烯共聚物膜使用面积逐步扩大，正成为生产上主要使用的农膜。

1. 聚乙烯膜

聚乙烯膜是聚乙烯树脂吹塑而成。聚乙烯膜的优点是密度小（0.92 g/cm^3），柔软，易造型，透光性好，无毒，适于做各种棚膜、地膜，是我国主要的农膜品种；缺点是耐候性及保温性差，不易粘接，如果生产大棚薄膜，必须加入耐老化剂、无滴剂、保温剂等添加剂，才能适应生产的要求。目前聚乙烯膜的主要产品有以下几种。

（1）普通聚乙烯棚膜：新膜透光率80%左右，吸尘性弱，耐低温性强，透湿性差，雾滴性重，不耐晒，延伸率大，不耐老化，连续使用时间4～5个月，膜厚0.06～0.12 mm。这种膜不适用于高温季节的覆盖栽培，可作早春提前和晚秋延后覆盖栽培，多用于大棚内的二层幕、裙膜或套小棚覆盖。

（2）聚乙烯长寿膜：克服了普通聚乙烯棚膜不耐高温日晒、不耐老化的缺点，可连续使用2年以上，成本低，厚度0.05～0.10 mm，每667 m^2 用量100～120 kg。这种膜应用面积大，适合周年覆盖栽培，但要注意减少膜面积尘，维持膜面清洁。

（3）聚乙烯长寿无滴棚膜：在聚乙烯膜中加入防老化剂和无滴性表面活性剂，可使用2年以上，成本低，无滴期为3～4个月，厚度0.05～0.10 mm，每667 m^2 用量100～130 kg，无滴期内能降低棚内空气湿度，减轻早春病虫的发生，增强透光，适于各种棚型使用，可用于大棚内的二层幕、棚室冬春连续覆盖栽培。

（4）聚乙烯复合多功能棚膜：在聚乙烯原料中加入多种添加剂，使棚膜具有多种功能。如薄型耐老化多功能膜，就是把长寿、保温、防滴等多功能融为一体。耐高温、日晒，夜间保温性好，耐老化，雾滴较轻，撕裂后易黏合，厚度0.06～0.08 mm，能连续使用1年以上，每667 m^2 用量60～100 kg。这种膜透光性强，保温性好，晴天升温快，夜间有保温作用，适于塑料大棚冬季栽培和特早熟栽培及作二层幕使用，已大面积推广。

2. 聚氯乙烯膜

聚氯乙烯膜是在聚氯乙烯树脂中加入增塑剂、稳定剂、润滑剂等助剂吹塑而成。聚氯乙烯膜的优点是保温性、透光性、耐候性好，柔软，易造型，适合作为温室、大棚及中小拱棚的外覆盖材料。缺点是薄膜密度大（1.3 g/cm^3），一定质量的棚膜覆盖面积较聚乙烯膜减少 1/3，成本增加；低温下变硬、脆化，高温下易软化、松弛；助剂析出后，膜面吸尘，影响透光，残膜不能燃烧处理，因有氯气产生。目前聚氯乙烯膜的主要产品有以下几种。

（1）普通聚氯乙烯膜：制膜过程中不加入耐老化助剂，有效使用期仅为 4～6 个月，可生产一季作物，浪费能源，增加用工和投资，目前正逐步被淘汰。

（2）聚氯乙烯膜防老化膜：在原料中加入耐老化助剂经压延成膜，有效使用期达 8～10 个月，有良好的透光性、保温性和耐候性，是在大棚、中小拱棚上覆盖的主要材料，多用于春提前、秋延后的栽培。

（3）聚氯乙烯膜无滴防老化膜（PVC 双防棚膜）：同时具有防老化和流滴特性，透光性和保温性好，无滴性可持续 4～6 个月，安全使用寿命达 12～18 个月，应用较为广泛，是目前高效节能型日光温室首选的覆盖材料，做大棚覆盖材料时效果更好。

（4）聚氯乙烯膜长寿无滴防尘膜：除具有耐候流滴性能外，薄膜表面经处理，增塑剂析出量少，吸尘较轻，提高了透光率，对日光温室、大棚冬春栽培更为有利。

3. 乙烯—醋酸乙烯共聚物膜

乙烯—醋酸乙烯共聚物膜是以乙烯—醋酸乙烯共聚物为主原料，添加紫外线吸收剂、保温剂和防雾滴助剂等制造而成的 3 层复合薄膜，厚度 0.06～0.12 mm，密度 0.94 g/cm^3。这种膜是近年来用于农业的新型农膜原料，透光性、保温性及耐候性都强于 PVC 或 PE 农膜，用 EVA 农膜覆盖可较其他农膜增产 10%左右。可连续使用 2～3 年，老化前不变形，用后可方便回收，不易造成土壤或环境污染。目前欧美国家及日本多使用 EVA 树脂生产农膜、地膜。目前我国正在大面积进行推广。

由于在 EVA 中引入醋酸乙烯单体，使 EVA 具有独特的特性：①EVA 对红外线的阻隔性介于 PVC 和 PE 之间，保温性 PVC＞EVA＞PE；②EVA 有弱极性，可与多种耐候剂、保温剂、防雾剂混合吹制薄膜，相容性好，色容性强，可延长无滴与防雾期；③EVA 的耐候性、耐冲击性、耐应力开裂性、黏接性、焊接性、透光性、爽滑性等都明显强于 PE。

4. 特色功能地膜

漫反射膜是在聚乙烯中掺入对太阳光漫反射晶核，可抑制垂直入射阳光的透过作用，降低中午前后棚内高温峰值，防止高温危害。夜间保温性较好，积温性强，适宜在高温季节使用。

聚乙烯调光膜以低密度聚乙烯树脂为原料，添加光转换剂后吹塑而成，有长寿、耐老化和透光率好等特点，厚度为0.08～0.12 mm，可使用2年以上，透光率85%以上，在弱光下增温效果不显著，主要用于喜温、喜光作物。

温敏薄膜利用高分子感温化合物在不同温度下的变浊原理，以减少设施中的光照强度，降低设施中的温度。由于温敏薄膜是解决夏季高温替代遮阳网等材料的重要技术，因此许多国家正在积极研究开发。

PO系特殊膜是以PE、EVA优良树脂为基础原料，加入保温强化剂、防雾剂、光稳定剂、抗老化剂、爽滑剂等系列高质量适宜助剂，通过二三层共挤工艺路线生产的多层复合功能膜，使用寿命达3～5年。

氟素膜是由乙烯与氟素乙烯聚合物为基质制成的新型覆盖材料。与聚乙烯膜相比，氟素膜具有超耐候、超透光、超防尘、不变色、使用期可达10年以上的特点。氟素膜的种类有：自然光透过性氟素膜、紫外光阻隔型氟素膜、散射光型氟素膜及管架棚专用氟素膜。产品有透明膜、梨纹麻面膜、紫外光阻隔性膜及防滴性处理膜等不同厚度、特性的氟素膜。

利得膜（PEP）是由三层共挤的生产方式生产的高科技、多功能的专业农膜。第一层：P即PE有防老化功能，另加防尘配方；第二层：E即EVA有保温作用；第三层：P即PE有防老化功能，另加防流滴配方。这种膜具有正面防尘、反面防流滴、中间层保温的效果，且纵向和横向都有很好的拉力强度，有效使用期限为2～3年，目前已成为连栋温室主要的覆盖材料。

（三）防虫网

防虫网是一种新型农用覆盖材料。它以优质聚乙烯为原料，添加了防老化、抗紫外线等化学助剂，经拉丝织造而成，形似窗纱，具有抗拉、抗热、耐水、耐腐蚀、无毒无味、收藏轻便、废弃物易处理等优点，正确保管寿命可达3～5年。防虫网的最大特点是能防虫防病，大幅度减少农药使用量。

1. 防虫网的规格

网目：表示筛孔的大小。在泰勒标准筛中，网目就是2.51 cm长度中的筛孔数目，简称目。目前我国生产的防虫网幅宽有1 m、1.2 m、1.5 m、1.8 m，目数有20目、24目、30目、40目。设施栽培中一般选用20～24目的防虫网。防虫网质量轻，一般每平方米60 g左右。

2. 防虫网的种类

根据颜色的不同，防虫网可分为：白色防虫网，可以增加小区设施内的温度；银灰色防虫网，可以驱赶蚜虫；黑色防虫网，可以降低设施内的温度和光照。

生产上建议使用银灰色防虫网，既适宜园艺植物的正常生长，又有利于防止害虫进入。

3. 防虫网的作用

防虫网主要用于钢架大棚侧窗覆盖和作为网罩栽培，主要的作用是防虫。由于防虫网网眼小，一般密度为20～24目，有效阻止了幼虫进入棚内直接危害或成虫飞入棚内产卵危害，切断了害虫的传播途径，因此防虫效果良好。防虫网对菜青虫、小菜蛾、斜纹夜蛾等害虫的防效达95%以上。银灰色网还有避蚜的作用。

防虫网还具有防强风、防冰暴、防冻害等作用。防虫网机械强度大，暴雨冲刷不易破损，暴雨降到网上经撞击后进入网内减弱为毛毛细雨，冲击力小，对网内蔬菜影响小，也不会引起土壤板结。同时，网内环境得到改善，有利于蔬菜生长。

防虫网遮光率低，遮光率一般在25%～30%之间，蔬菜生产可以全程覆盖，不需前盖后揭、日盖夜揭、晴盖阴揭等农事操作，管理方便、省工。同时可以有效控制蔬菜害虫危害，节省农药成本和喷药用工。

（四）遮阳网

遮阳网又叫冷凉纱、遮光网，是用聚乙烯或聚丙烯为原料编制成的一种轻质、高强度、耐老化的网状新型农用遮光覆盖材料。遮阳网的主要作用是遮强光、降棚温。覆盖遮阳网是高温季节大棚蔬菜生产的一项重要措施。

1. 遮阳网的种类

根据颜色不同，遮阳网可分为黑色、银灰色、白色、浅绿色、蓝色、黄色及黑色与银灰色相间等。生产上应用较多的是黑色网和银灰色网。

2. 遮阳网的型号

以纬经每25 mm编丝根数为依据，遮阳网可分为5种，即8根网、10根网、12根网、14根网和16根网。厂家为方便起见，将产品定为以下5种型号：SZW－8、SZW－10、SZW－12、SZW－14和SZW－16。生产上应用最多的有SZW－12、SZW－14两种型号的遮阳网，其每平方米的质量分别为（45±3）g和（49±3）g，幅宽160～250 cm，使用寿命一般为3～5年。

3. 遮阳网的规格

以遮阳网的幅宽分为多种规格，主要有90 cm、150 cm、160 cm、200 cm、220 cm、250 cm、300 cm和400 cm等。

2针遮阳网　遮光率40%～60%　规格包装：宽1～10 m，长50～100 m/卷

3针遮阳网　遮光率50%～70%　规格包装：宽1～10 m，长50～100 m/卷

4针遮阳网　遮光率60%～80%　规格包装：宽1～10 m，长50～100 m/卷

6针遮阳网　遮光率80%～90%　规格包装：宽1～10 m，长50～100 m/卷

6针圆丝遮阳网　遮光率50%～70%　规格包装：宽1～10 m，长50～100 m/卷

9针遮阳网　遮光率90%～100%　规格包装：宽1～5 m，长50～100 m/卷

4. 遮阳网的性能

编丝根数越多，遮光率越大，纬向拉伸强度也越强，但经向拉伸强度差别不大。编丝的质量、厚薄、颜色等也会影响透光率。遮阳网的主要性能指标见表2—2。

表2—2　不同类型遮阳网的遮光率

型号	遮光率/%	
	黑色网	银灰色网
SZW—8	20～30	20～25
SZW—10	25～45	25～45
SZW—12	35～55	35～45
SZW—14	45～65	40～55
SZW—16	55～75	55～70

5. 遮阳网的选择

目前市场上销售的遮阳网以黑色和银灰色为主，选购时要按作物的需光特性、栽培季节、气候状况决定。一般黑色网的遮光降温效果比银灰色网好些，适宜伏天酷暑季节和对光照强度要求较低、病毒病较轻的蔬菜覆盖。银灰色网的透光性好，有驱避蚜虫和预防病毒病危害的作用，适用于初夏、早秋季节和对光照强度要求较高的蔬菜和长期性覆盖。市场上销售的遮阳网主要有两种方式：一种是按质量卖，另一种是按面积卖。按质量卖的一般为再生料网，属低质网，使用期为两个月至1年，此网摸上去，感觉丝粗、网硬、粗糙、网眼密、质量重，而且多数无明确的包装；以面积卖的网一般为新料网，使用期为3～5年，此网特点是质量轻、柔韧适中、网面平整、有光泽。

6. 遮阳网的覆盖方式

遮阳网在蔬菜的整个生长期都可以使用，常见的覆盖方式如图2—22所示。

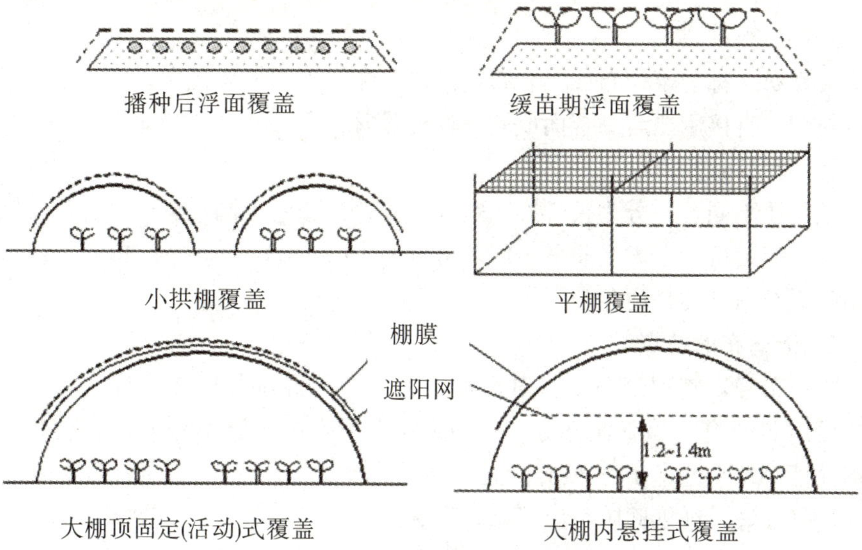

图 2－22　遮阳网的覆盖方式

（1）浮面覆盖：播种后直接覆盖在畦面上或蔬菜定植后直接覆盖在植株上，用于夏秋季节蔬菜播种后出苗和定植后缓苗。

（2）小拱棚覆盖：利用冬春小拱棚骨架进行覆盖，用遮阳网进行全封闭或半封闭覆盖，这种方式揭盖方便，一般用于育苗、移栽、秋菜提前栽培或反季节栽培。

（3）平棚覆盖：利用竹、木、水泥、铁丝等材料，直接搭成平面或斜面的支架，上用铁丝、绳子等固定遮阳网，拉平，扎牢形成遮阳网平棚。

（4）大棚覆盖：利用已有的塑料大棚，将遮阳网直接盖在棚架上进行栽培，又可分为棚顶覆盖、裸棚覆盖和棚内覆盖。

7. 遮阳网的性能

（1）降低温度：遮阳网覆盖与露地相比，自上午 8 时以后温度开始降低，下午 2 时降温效果最好，在晴天高温下，遮阳网的降温效果明显，随着外界温度下降和太阳辐射减弱而降低，在阴雨天降温不明显。黑色遮阳网温度降低最快，银灰色遮阳网降低温度稍差，遮阳网覆盖下，地温有下降情况，以 5 cm 处地温降温明显。

（2）保湿：覆盖遮阳网后，由于降温防风作用，降低了覆盖区空气和外界的交流速度，明显提高了空气相对湿度，中午时，湿度增加值最大，一般提高 13％～17％，湿度高，土壤蒸发量降低，增加了土壤湿度。

（3）防暴雨冲刷：遮阳网是网状织物，具有透气、透水的特性，覆盖于棚架上可以避免暴雨对植株的冲击损害。

（五）无纺布

无纺布又称为不织布或丰收布，是以聚酯、聚丙烯等化学纤维为原料，不经过纺织，直接用热熔黏合而成的一种覆盖材料。

1. 无纺布的种类

按材质不同，可分为长纤维、短纤维等；按颜色不同，可分为白色、银灰色、黑色等；按每平方米质量不同，可分为15 g、20 g、30 g、40 g等。目前常用的无纺布种类是白色长纤维。

2. 无纺布的特点

①质量轻，使用寿命长：对作物压力小，可直接覆盖在作物上，结实耐用，可用2～3年；②保温性好：一层无纺布可提高气温1～3℃；③具有一定的透光性：每平方米15～20 g的无纺布透光率为80%；④吸湿性好：孔隙度大，透气性好，纤维间隙可以吸水，在保温时可以降低空气湿度5%～10%。

三、大棚的搭建

（一）竹架大棚的搭建

1. 定位放样

按照大棚宽度和长度确定大棚4个角，使4个角均成直角后，打下定位桩，在定位桩之间拉好定位线，把地基铲平夯实，最好用水平仪矫正，使地基在一个平面上，以保持拱架的整齐度。

2. 插拱架

按拱杆间距（50～100 cm）将作拱架的竹竿或竹片依次垂直插入土中（竹竿粗头朝下），入土深度40 cm，入土部分要涂沥青或漆防腐，另一侧按同样方法对应插好，然后弯成弧形对接，用绳绑结实成拱架，如图2—23所示。

图2—23　**插拱架**

3. 连接拉杆

取制作拉杆的木杆或竹竿，沿棚长方向连接拱杆，并与立柱牢固结合，对称安装3～5道纵向拉杆，如图2—24所示。

图2—24　**连接拉杆**

4. 覆膜及留通风口

一棚一膜覆盖，即用一张大棚农膜覆盖整个棚架，采用大棚两端面通风换气的覆盖方式，如图2-25所示。这种覆盖方法的优点是操作简单，缺点是通风换气性能差，棚中间作物易受高温伤害，而两端作物易受冻害。

图 2-25 覆盖棚膜

（二）钢架大棚的搭建

装配式镀锌钢架大棚的安装按如下步骤进行：

1. 确定大棚位置

进行平面放样，并选择好安装大棚的地块和大致安装位置。

2. 校准水平

将大棚的四个角校准到同一水平面上。

3. 安装拱杆

第一步，在安装拱杆的两侧基准线处，根据设计要求做好插入拱杆位置的标记，确保两侧的插入孔对齐。第二步，拱杆插入土中的深度一般为 30～40 cm，在每根拱杆的下方用红色油漆标出记号。第三步，用钢钎或其他工具在插入拱杆处打出所需深度的插孔，该插入孔必须垂直。第四步，将拱杆插入孔内，使拱杆安装记号对准水准线，确保其高度的一致。第五步，将左右对称的两对拱杆连接在一起。

4. 安装棚头

首先应确保棚头上两对拱杆的垂直，其次应将棚头的立柱按照规定的距离插入土中，立柱的上端刚好与拱杆的高度吻合，然后将立柱上端的接头与拱杆连接。

5. 安装纵向拉杆和卡槽

纵向拉杆的长度一般为 5 m，安装时将纵向拉杆的接头前后连接或用拉杆接管连接，无论是中梁（大棚顶部的纵向拉杆）或是侧梁（大棚侧面的纵向拉杆）均应保持直线。卡槽的安装位置一般在棚纵向两侧距地面约 40 cm 处（可根据情况作适当调节），安装 4 道卡槽，在棚头拱杆上安装 1 道卡槽，棚的横向两侧安装 2 道卡槽，卡槽与卡槽之间用卡槽连接片连接，卡槽与拱杆之间用专用的紧固件固定。连接口应尽量与纵拉杆的接口错开，卡槽应保持直线状态。棚头、纵向拉杆及卡槽安装后，应力求大棚平齐，不能有明显的高差。

6. 安装卷膜机

将 6 根长 5 m 的拉杆拉直后用铆钉连接，将其水平放置在纵向卡槽下方约 25 cm 处，将棚顶膜卷绕到拉杆上，然后在相邻两杆中间用 1 只压膜卡固定薄膜与拉杆，每组摇膜机构固定 50 只压膜卡。拉杆截去缩管部分一端并伸出棚头约 6 cm，另一端安装摇膜手柄。

7. 安装棚门头

按规定将门安装在门框内，使门能开关方便、关闭严密即可。如果只能在棚的一端安装棚门，则一般应安装在大棚的南端。

8. 覆盖棚膜

一个标准的钢架大棚用膜量可按以下方法计算：所需棚膜的宽度等于大棚的宽度加两个棚高；所需棚膜的长度等于大棚的长度加两个棚高，再加 2 m。

钢架大棚采用一棚三膜覆盖，即三块膜拼叠覆盖，目前南方大棚生产多采用这种覆盖方式，棚膜为 8 丝（0.08 cm）厚的长存无滴膜，盖膜应选在无风天气进行，先围裙膜，后盖顶膜，大棚薄膜用三幅膜，即顶棚膜一幅，边膜两幅。顶棚膜依照 6 m、8 m 宽的大棚分别选幅宽为 8 m、10 m 的棚膜。覆膜时，盖顶膜，两头盖住棚头的两端，并用卡子卡在棚头和棚的纵向两侧距离地面 1.2 m 处。随后安装大棚两侧的防虫网，防虫网的宽度即侧窗宽度一般为 1～1.2 m，用卡子卡在棚纵向两侧卡槽中。随后安装裙膜，裙膜上边卡在 40 cm 的卡槽中，下边埋入土中。随后安装测窗，将侧窗上部固定在距地面 1.2 m 的卡槽中，下部卷入卷膜杆上，并安装手摇柄。

四、大棚内环境调控

（一）光照

大棚内光照与露地相比，光照强度弱，在距离地面 1 m 高处，大棚内光照只有露地的 70%。单栋大棚比连栋大棚的透光率高，竹木结构的大棚比钢架结构的透光率低。光照分布不均匀，大棚内同一位点，上面强，下面弱，棚架越高，近地面的光照强度越弱。光照时间短，大棚由于采用覆盖保温材料，光照时间比露地少很多，光照时间缩短，不仅影响光合作用，还影响花芽分化的早晚或雌雄花的发生规律。改善大棚的透光能力，减少棚膜的水分和灰尘可增强大棚的自然光照强度。夏季时可采用覆盖遮阳网降低大棚内的光照强度。

（二）温度

大棚内温度的来源主要靠太阳的直接辐射和散射辐射。南方地区，大棚覆盖保温的时间大致在 10 月到第二年的 6 月，在这段时间内，大棚随着外界气温的降低，在1～2月达到最低，随后逐渐升高。一天中日出前大棚内气温最低，棚内最高气温出现在13时前后。在冬季一般采用多层覆盖保温，在夏季一般采用通风降温和遮阳网覆盖降温。夜间温度低于15℃时，大棚内每畦搭小拱棚，盖小拱棚膜；低于8℃时，小拱棚膜上加盖草帘。白天温度高于25℃时，大棚需通风换气。

（三）湿度

棚内的相对湿度达到90%以上甚至饱和状态。季节性变化明显，冬季，棚内相对湿度在90%以上，比露地高20%左右；春季，棚内相对湿度一般在80%左右，比露地高10%。随天气状况发生变化，晴天，棚内空气湿度相对低，为70%～80%；阴雨天，大棚内的空气湿度较高，一般可达80%～100%。通风换气是降低大棚湿度的最有效也最常用的方法。

（四）土壤

大棚由于缺乏雨水的冲刷，与露地相比，大棚内土壤存在以下一些问题。

1. 土壤盐渍化

土壤盐渍化是指土壤中由于盐类的聚集而引起土壤溶液浓度的提高，这些盐类随土壤水分蒸发上升到土壤表面，导致土壤表面盐类聚集。土壤出现次生盐渍化最明显特征是土表出现红苔。

危害：直接影响植物根系生长，影响植物的生长发育，盐类累积影响水分、钙的吸收，造成土表硬壳，烂根，使铵浓度升高，钙吸收受阻，叶深而卷曲。

原因：大棚蒸发大，接受雨水淋洗少。施肥过多，氯化钾、硫酸铵等易溶于水，但又不被土壤吸附，对土壤溶液浓度影响较大。

预防措施：以有机肥作基肥为主，尽可能减少化肥使用量，化肥可用过磷酸钙、磷酸铵、磷酸钾，因这些肥料易被土壤吸收，土壤溶液浓度不易升高。要开好排水沟，在夏季隔年下棚膜或利用棚内微喷设施，以水排盐；种植吸肥力强作物除盐，可种植禾本科作物（如早熟玉米）或绿肥，吸收盐类，降低土壤溶液浓度；深翻除盐，覆盖作物防盐，换土除盐；也可以换地除盐，即种植3～5年蔬菜后，换到新的未盐渍化土壤中搭棚。

2. 土壤酸化

概念：土壤pH明显低于7，土壤呈酸性反应的现象。

危害：直接破坏根的生理机能，导致根系死亡，降低土壤中钙、磷、镁的有效性，诱发缺素症。微生物活动、肥料分解缓慢，诱发脱肥。

原因：化肥的大量施用，尤其是氮肥的大量施用。

3. 连作障碍

连作障碍是指在同一块地里连续种植同一种作物（或同一科作物），导致产量下降、品质降低、生长受到影响的现象。大棚连作障碍是蔬菜生产区普遍的现象。

危害：①病虫害严重（软腐病、疫病、枯萎病、猝倒病、根腐病）；②根系分泌的有毒物质积累；③容易出现缺素症；④造成营养元素的不平衡。

防治：轮作、嫁接、土壤消毒，利用夏季进行闷棚高温消毒，杀灭土传病害；利用深翻土层、大水浸泡和增施有机肥，改善土壤团粒结构和营养平衡。

4. 土壤的调节

科学施肥：增施有机肥，氮、磷、钾合理配合，适当补充微量元素，选用尿素、硝酸铵、磷铵、高效复合肥和颗粒状肥料，避免使用含硫、氯的肥料。

必要的休耕：冬闲时，深翻土壤，使其风化，夏闲时深翻晒土。

合理轮作：水旱轮作，对养分需求差异较大的轮作，不同种病害的蔬菜轮作。

土壤消毒：①石灰消毒：石灰既可杀菌又可中和土壤的酸性，可于翻耕前，每667 m^2撒施石灰 50～100 kg，以减轻土传病害的发生，碱性土壤不适合使用。②大水浸泡：有条件的地方可利用作物休闲之季，将水堵起来浸泡土壤。浸泡时间越长，效果越明显。如果浸泡 20 天以上，可基本控制线虫危害。③高温消毒：温室大棚在夏季高温季节，可将土壤翻耕，盖上地膜，再盖上棚膜，地面温度可达到 50℃以上，以杀灭部分菌源。④药剂消毒：真菌性病害可用多菌灵、百菌清、敌克松、绿亨一号药液、敌黄福美双淋施土壤；或按每667 m^2用药 2～3 kg 拌适量的细土均匀撒施再翻耕。⑤石灰氮消毒：又称为黑肥，成分是氰氨化钙消毒，颗粒剂为黑色，pH 为 12.4，属于强碱性肥料，能调节土壤酸度，提高氮素利用率，改良土壤性状，在土壤中与水反应生成氢氧化钙和氰胺液，增加土壤钙含量和氨态氮的含量，不会造成土壤盐分积累，也不会对环境造成污染。使用方法：清洁田园后，每 667 m^2撒 40～60 kg 石灰氮，深翻，浇透水，地膜覆盖一周后揭开地膜，对根结线虫和虫卵有明显的防治效果，但碱性土壤不适合使用。

（五）大棚蔬菜二氧化碳施肥技术

大气中二氧化碳平均浓度一般为 300～330 mg/L，变幅较小。在冬春设施蔬菜生产中，为了保温，设施经常处于密闭状态，缺少内外气体交换，二氧化碳浓度变幅较大，中午设施内二氧化碳浓度下降，接近甚至低于补偿点，二氧化碳处于亏缺状态。蔬菜补充二氧化碳后，可促进蔬菜生长发育，提高产量，改善品质，提早上市。试验证明：补充二氧化碳一般可提高坐果率 10%以上

（茄果类），提前上市7～10天，增加产量20%以上（草莓和茄果瓜类）。只要使用得当，就有比较明显的经济效益。

1. 施肥浓度

通常情况下，800～1500 mL/m³ 作为多数作物的推荐施肥浓度，具体依作物种类、生育时期、光照及温度等条件而定。

2. 施肥时间

从理论上讲，二氧化碳施肥应在作物一生中光合作用最旺盛的时期和一日中光照条件最好的时间进行。使用传统二氧化碳的补充方法，需视天气情况和生育期而定，一般在晴天清晨施用，阴天不宜补充，苗期补充量最少，定植至坐果最多，坐果至收获补充量其次。

3. 施肥方法

补充二氧化碳的方法很多，常用的主要有以下四种。

（1）燃烧法：通过二氧化碳发生器燃烧液化石油气、丙烷气、天然气、白煤油等产生二氧化碳。当前欧美国家的设施栽培以采用燃烧天然气增施二氧化碳较普遍，而日本较多地采用燃烧白煤油增施二氧化碳。

（2）化学反应法：用酸和碳酸盐类发生化学反应产生二氧化碳。目前较多采用稀硫酸和碳酸氢铵，在简易的气肥发生装置内产生二氧化碳气体，通过管道将其施放于设施内。每667 m² 标准大棚（容积约1300 m³）使用2.5 kg碳酸氢铵，可使二氧化碳浓度达900 mg/L左右。该法成本较低，二氧化碳浓度容易控制，目前在我国的设施栽培中运用较多。

（3）施用颗粒有机生物气肥法：将颗粒有机生物气肥按一定间距均匀施入植株行间，施入深度为3 cm，保持穴位土壤有一定水分，使其相对湿度在80%左右，利用土壤微生物发酵产生二氧化碳。该法无需二氧化碳发生装置，使用较为简便。

（4）释放纯的二氧化碳。一是释放干冰：固体，便于定量释放，所得气体纯净，但成本高；二是释放液体二氧化碳：施用浓度便于掌握，需要高压钢瓶作为储藏的工具。

4. 施肥过程中的环境调节

光照：强光下增加CO_2浓度对提高作物的光合效率更有利。

温度：CO_2施肥条件下温度提高2～4℃，但同时将夜温降低1～2℃。

肥水：在CO_2施肥的同时，必须增加水分和营养的供给。

防止施用CO_2后出现早衰现象。在停止施用CO_2的方法上，应逐渐降低使用浓度，避免突然停止施用。补充CO_2后，大棚需要密闭，减少CO_2外溢，提高肥效。

任务4　智能温室

温室（greenhouse）又称暖房，是能透光、保温（或加温），用来栽培植物的设施。在不适宜植物生长的季节，温室能提供生长发育所需的条件和增加产量，多用于低温季节喜温蔬菜、花卉、林木等植物栽培或育苗等。按外形不同，温室可分为：①屋脊型：以玻璃作为透明覆盖材料，以荷兰为代表；②拱圆型：以塑料薄膜为覆盖材料，以以色列、美国等为代表。

一、拱圆型温室

拱圆型温室是近十几年出现并得到迅速发展的一种设施形式。拱圆型温室是由两栋或两栋以上的拱型连接而成的一种温室类型，由两个单栋大棚连接的称为二连栋大棚，由三个单栋大棚连接的称为三连栋大棚，以此类推。目前蔬菜生产上所使用的一般均是三连栋及三连栋以上的温室。拱圆型温室是近年来随着大棚蔬菜规模化经营的迅速发展而兴起的，其优点是土地利用率高（比单栋大棚提高25%左右）、操作管理方便、适合机械化操作、温度稳定性好、有利于多层覆盖、单位面积的产出效益也较高，与玻璃温室相比，它具有质量轻、骨架材料用量少、结构件遮光率小、造价低、使用寿命长等优点，其环境调控能力基本上可以达到玻璃温室的相同水平。拱圆型温室用户接受能力在全世界范围内远远高出玻璃温室，成为现代温室发展的主流。其缺点是投资成本相对较高、升温稍慢。图2-26和图2-27分别为拱圆型温室内、外部。

图2-26　拱圆型温室内部

图2-27　拱圆型温室外部

（一）规格

1. 温室的尺寸

温室采用单元尺寸、总体尺寸两种方法描述温室的建筑尺寸。

(1) 温室的单元尺寸主要包括跨度、开间、檐高、脊高等。跨度是指温室的最终承力构架在支撑点之间的距离。开间是指温室最终承力构架之间的距离。檐高是指温室柱底到温室屋架与柱轴线交点之间的距离。脊高是指温室柱底到温室屋架最高点之间的距离。

（2）温室的总体尺寸主要包括温室的长度、宽度、总高等。长度是指温室在整体尺寸较大方向的总长。宽度是指温室在整体尺寸较小方向的总长。总高是指温室柱底到温室最高处之间的距离，最高处可以是温室屋面的最高处或温室屋面外其他构件（如外遮阳系统等）的最高处。

2. 温室规格

拱圆型温室一般跨度为 8 m，开间 4 m，檐高 3.0 m，脊高 4.9 m，总高 5.4 m。以自然通风为主，温室最大宽度宜限制在 50 m 以内，最好在 30 m 左右；温室的长度（从操作方便的角度来讲）最好限制在 100 m 以内，但没有严格的要求。

法国瑞奇温室公司研究开发的一种塑料薄膜温室，在我国引进温室中所占比重最大。一般单栋跨度为 6.4 m 或 8 m，檐高 3～4 m，开间 3～4 m。其特点是固定于屋脊部的天窗能实现半边屋面（50%屋面）开启通风换气，并可以设侧窗、屋脊窗通风，通风效果较好。该温室采用双层充气膜覆盖，可节能。

卷膜式全开放型塑料温室：温室顶侧屋面均可通过手动或电动卷膜机将覆盖薄膜由下而上卷起，达到通风透气的效果。可将侧墙和 1/2 屋面或全屋面的覆盖薄膜全部卷起成为与露地相似的状态，以利于夏季高温季节栽培作物。由于通风口全部覆盖防虫网，所以有防虫效果，我国国产塑料温室多采用这种形式。其特点是成本低，夏季接受雨水淋溶可防止土壤盐类积聚，简易、节能，利于夏季通风降温。图 2－28 和图 2－29 分别为卷膜式温室内、外部。

图 2－28　卷膜式温室内部

图 2－29　卷膜式温室外部

（二）材料

拱杆采用 ø25×2mm 镀锌钢管，安装间距为 2000 mm，檩条采用 ø25×

2 mm 镀锌钢管，主立柱采用□50×50×2.5 mm 镀锌矩管，次立柱采用□50×30×1.5 mm 镀锌矩管。天沟由 2 mm 镀锌钢材板制作而成，温室端横梁采用□50×30×1.5 mm 镀锌矩管，中横梁采用 ø32×2 mm 镀锌钢管，斜撑杆采用 ø25×1.5 mm 镀锌钢管，卷膜管采用 ø25×1.5 mm 镀锌钢管，外遮阳纵横梁采用□50×50×2 mm 镀锌矩管，温室端部安装 ø110PVC 落水管，整个主体采用活动扣件式组装。温室材料如图 2—30 所示。

图 2—30　温室材料

（三）建造

温室基础采用钢筋混凝土预制件，全部为点式基础，在施工埋放基础桩时，底部及四周加混凝土固定，温室四周梁圈用砖砌 0.3 m 挡风墙。由于温室建造比较麻烦，一般请专业大棚建造公司建造。

二、屋脊型温室

屋脊型温室是指以玻璃或塑料板材为覆盖材料的一种高端温室，保温效果好，透光性好，结实耐用，玻璃温室一般可用 40 年，如图 2—31 所示。

图 2—31　屋脊型温室

（一）规格

四川地区常见玻璃温室的跨度为 9.6 m，开间 4 m，檐高 4.0 m，脊高 5.12 m，屋面角 21°，外遮阳高 5.5 m。代表型的温室如下。

1. 芬洛型温室

如图 2—32 所示，芬洛型温室是我国从荷兰引进的一种多脊连栋小屋面玻璃温室，温室单间跨度为 3.2 m 的倍数，如 6.4 m、9.6 m、12.8 m，开间 3 m、4 m 或 4.5 m，檐高 3.5～5.0 m，每跨由两个或三个（双屋面的）小屋面直接支撑在桁架上。近年有改良为 4.0 m 跨度的，根据桁架的支撑能力，还可将两个以上的小屋面组合成多脊连栋型大跨度温室。覆盖材料为 4 mm 厚的玻璃。

图 2－32　芬洛型温室

优点：①透光率高：由于其独特的承重结构设计减少了屋面骨架的断面尺寸，省去了屋面檩条及连接部件，减少了遮光，又由于使用了高透光率园艺专用玻璃，使透光率大幅度提高；②密封性好：由于采用了专用铝合金及配套的橡胶条和注塑件，温室密封性大大提高，有利于节省能源；③屋面排水效率高：由于每一跨内有 2～6 个排水沟（天沟数），与相同跨度的其他类型温室相比，每个天沟汇水面积减少了 50%～83%；④使用灵活且构件通用性强。

缺点：通风面积过小，没有侧通风，南方地区夏季降温困难。

2. 屋顶全开启型温室

如图 2－33 所示，屋顶全开启型温室最早是由意大利的 Serre Italia 公司研制的一种全开放型玻璃温室，近年在亚热带地区逐渐兴起。其特点是以天沟檐部为支点，可以从屋脊部打开天窗，开启度可达到垂直程度，即整个屋面的开启度可从完全封闭直到全部开放状态。侧窗则用上下推拉方式开启，全开后达 1.5 m 宽。全开时可使室内外温度保持一致，中午室内光强可超过室外，也便于夏季接受雨水淋洗，防止土壤盐类积聚。其基本结构与芬洛型温室相似。

图 2－33　屋顶全开启型温室

（二）材料

1. 覆盖材料

屋脊型温室的覆盖材料有：钢化玻璃、普通玻璃、丙烯酸树脂、玻璃纤维加强板、聚碳酸酯板。玻璃温室一般顶部多采用钢化玻璃、四周采用普通浮法玻璃或者中空玻璃，也有玻璃温室顶部采用阳光板、四周采用玻璃的。

2. 骨架材料

骨架材料包括普通钢材、镀锌钢材、铝合金轻型钢材。一般玻璃温室用的骨架材料为：立柱为□100×50×2.5 mm 镀锌矩管，边立柱底板采用 8 mm 厚的钢板，侧面次立柱为□50×30×2 mm 镀锌矩管，后翻窗立柱为□50×50×2 mm 镀锌矩管。格构架上下弦采用□50×50×2 mm 镀锌矩管，腹杆用 Φ16 焊接而成。端面横梁为 C70×50×2 mm 镀锌槽钢，端、侧围梁为 C70×50×

2 mm 镀锌槽钢。屋面檩条为□50×30×1.5 mm 镀锌矩管，屋脊为铝合金专用型材。外遮阳立柱为□50×50×2 mm 镀锌矩管，外遮阳横梁为□50×50×2 mm 镀锌矩管，外遮阳纵梁为□50×50×2 mm 镀锌矩管。雨槽为 2.5 mm 厚的镀锌板。温室顶部及四周为专用铝型材。

（三）温室环境调节系统

1. 降温系统

温室降温可通过以下几种方式。

（1）天窗、侧窗降温：在温度不是很高时，可通过开启侧窗、天窗降温。

（2）遮阳系统降温：遮阳系统可从多方面改善温室的生态环境。炎热夏季，遮阳幕能阻挡部分阳光，并使阳光漫射进入室内，均匀照射作物，保护作物免受强光灼伤，同时使温室温度下降 4～6℃；通过选用不同材质的遮阳网，可形成不同的遮阳率，满足不同作物对阳光的需求，如图 2－34 所示。内遮阳常用的有铝箔、PET（耐高温聚酯薄膜）、FDY（全拉伸）涤纶丝等原材料做成的遮阳网。铝箔：可反射多余的光和热量，满足温室使用要求，具有降温、保温双重功效，冬天可提高室温 3～4℃，夏天可降低室温 4～5℃；PET 膜：透明性好，有光泽，机械性能优良，耐热、耐寒性；FDY（全拉伸）涤纶丝：强度高，弹性好，耐热性好，耐磨性好，耐腐蚀。外遮阳：夏季能将多余阳光挡在室外，形成荫凉，保护作物免受强光灼伤，为作物创造适宜的生长条件。外遮阳常用的幕布是 HDPE（低压高密度聚乙烯膜）、HDPEE（低压高密度聚乙烯单丝）。

图 2－34　内遮阳网

（3）风机/湿帘降温：当温度高于 35℃时，可通过风机/湿帘降温系统降温。风机/湿帘降温是利用水的蒸发降温的，当需要降温时，启动风机，将室内的空气强行抽出，造成负压；同时水泵将水打在湿帘墙上，室外空气被负压吸入室内时，以一定的速度从湿帘的缝隙穿过，导致水分蒸发、降温，冷空气流经温室，吸收室内热量后，经风机排出，从而达到循环降温的目的。即使在最炎热的天气下，也能控制温室内的温度在 30℃左右。降温系统的核心设备是湿帘，湿帘由波纹状的纤维纸黏结而成，在原料中添加了特殊化学成分，耐腐蚀，不长青苔，不易腐烂，使用寿命长达到 5～10 年。图 2－35 为湿帘降温。

（4）玻璃屋面流水和玻璃屋面涂白降温：在玻璃屋面安装一个滴管，将水滴到屋面上，利用水分蒸发带走热量降温。在玻璃屋面涂上温室专用的涂白剂，减少玻璃温室的透光性，进而起到降温的目的。

图 2-35　湿帘降温

2. 加温系统

温室加温有热水加温和热风加温两种。热水加温由提供热源的锅炉、输水管道、水泵、散热器以及各种阀门组成，热水加温与热风加温相比，产生的热量温度均匀，热损失小，运行经济，以热水为热媒的采暖系统，由提供热源的锅炉、热水输送管道、循环水泵、散热器以及各种控制和调节阀门等组成。该系统由于供热热媒的热惰性较大，温度调节可达到较高的稳定性和均匀性。与热风和蒸汽采暖相比，虽一次性投资较多，循环动力较大，但热损失较小，运行较为经济。

热风加温是通过各种类型的热风机将空气加热后，由热交换器将加热空气直接送入温室中。热风采暖特点：热风干燥，温室内相对湿度低；热惰性小，温度变化快；风筒出风口附近容易出现高温，影响作物生长；一次性投资小，但运行费用高。

3. 光照调节

温室光照调节的主要作用有：改善大棚的透光能力，增强保护地的自然光照强度；在光强的夏季栽培或软化栽培等特殊条件下进行遮光；在冬季弱光期或光照时数较少的地区进行人工补光。

(1) 遮光：遮光的目的是减弱大棚的光照强度，降低大棚内的温度。遮光的方法覆盖各种遮阴物，如覆盖苇帘、竹帘、遮阳网、无纺布等，一般可遮光50%～55%，降温3～5℃。

(2) 补光：采用人工光源补充光照的不足，补光的目的主要有两个：一是延长光照时间；二是增加光照强度。补光对人工光源的要求是和太阳光的光谱比较接近的光源。目前用得比较多的人工光源有白炽灯、荧光灯、高压水银灯、金属卤化物灯和高压钠灯。白炽灯价格便宜，但光效低，光色较差，目前只能作为一种辅助光源，使用寿命大约1000小时；荧光灯为第二代电光源，价格便宜，发光效率高，可以改变荧光粉的成分，以获得所需的光谱，寿命长达3000小时左右，发光效率比白炽灯高，主要缺点是功率小，安装麻烦，灯具占空间大；高压水银灯又称“高压汞灯”、UV灯，是利用高压水银蒸气放电发光的一种气体放电灯，发光效率比荧光灯低，使用寿命长，光谱好，适合叶绿素的吸收利用，紫外光较多；金属卤化物灯光效高，光色好，功率大，是目前高强度人工补光的主要光源，光谱接近日光，缺点是寿命短，价格昂贵，安装麻烦；高压钠灯使用时发出金白色光，具有发光效率高、耗电少、寿命长、透雾能力强和不诱虫等优点，广泛应用于道路、高速公路、机场、码头、船坞、车站、广场、街道交汇处、工矿企业、公园、庭院照明及植物栽培。

（3）延长光照时间：在傍晚天色变暗的时候开始补光，使短日照植物花芽分化处于临界日照长度以上，控制花芽分化或给予长日照植物开花所需要的适宜日照长度促进其开花，以抑制或促进花芽分化，调节作物开花时期，即以满足作物光周期的需要为目的。

（4）增加光照强度：当室外光照不能满足作物生长要求时，白天也需要进行人工补光，促进作物的光合作用和生长，以补充自然光照的不足为目的。当测定到光照强度控制位低于设定值下限后开始人工补光，而当补光强度高于设定值上限后应调节光照强度，最大限度地节约能源。对光照强度的控制主要有两种方式：一是无外界自然光照条件下的光照控制；二是有部分自然光照下的光照控制。前者控制设定强度或按照最大设计能力打开部分或全部光源即可，是一种开关控制；而后者则需要通过测量、比较、判断和分析后才能确定开启灯具的数量及其分布，对于比较精细的控制，往往要引入计算机控制系统。

任务5　蔬菜生产基地的布局

一、建设场地的选择

在建造大棚时应尽量选择采光好、无遮阴、通风较好的田块，必须选择地势平坦的土地。

（一）土壤

大棚蔬菜生产基地的土壤要求肥沃疏松，有机质含量高，地基不下沉。土壤质地宜壤土、沙壤土、黏壤土，不能选择地下水位较高的田块或低洼地、坡地，并避免选择黏性重、土壤有机质含量低、保水保肥性差的田块。应满足蔬菜生长发育对土壤环境的基本要求，达到生产无公害蔬菜的标准（主要控制重金属和硝态氮指标）。

（二）水

水源好，供水近，水质好，地下水位低，排水好，pH呈中性或微酸性，达到无公害蔬菜的灌溉用水执行国家标准《农田灌溉水质标准》（GB 5084—

85）所列的二级标准。

（三）交通与电力

交通运输方便，但应避免在公路两旁，电力供应条件好。

（四）大气

大气环境生产达到无公害蔬菜的大气环境执行国家标准《大气环境质量标准》（GB 3095—82）所列的一级标准。

（五）大棚走向

在我国，南方地区一般应为南北向。这种走向有利于大棚充分且比较均匀地接受阳光，棚内的温度也比较均匀，早春升温快。但在山区，应顺冬春季节的风向建造大棚，避免大棚被吹翻。

二、蔬菜生产区域布局要求

为了充分发挥蔬菜生产基地的作用和便于生产管理，大棚生产区域应相对集中，按功能划分成若干小区，每个小区相对独立。小区中间用道路连接，主干道 6～8 m、次干道 3.5～4 m、人行便道 1.5～2 m。设置道路标牌。每个大棚生产区四周建立排水沟，沟宽一般为 25～30 cm。两排大棚间的距离最好在 5 m 左右，可以建一条次干道，两个大棚间的距离一般为 1～2 m，以不遮光为宜，大棚两头离明沟的距离应在 80 cm 以上，连栋大棚之间的间隔距离可在单体大棚的基础上再适当扩大。大棚周围还应考虑喷灌和滴灌等水肥一体化设施的建设。大棚方向一般为南北延长。除大棚生产区域外，还应考虑农机具库、仓库、管理房、锅炉房、灌溉设施房（水肥一体化设施）等非生产用房的建设。

知识拓展

大棚建造成本核算

一、大棚建造成本核算

建造钢架大棚和竹架大棚的成本核算见表2—3。在大棚建设中，大棚实际的建造面积一般为整个土地面积的80%。

表2—3　大棚建造成本核算

大棚类型	所需材料	建造面积		总价
		数量	单价	
钢架结构大棚	拱杆			
	拉杆			
	EVA膜			
	卡槽			
	卡子			
	扭簧			
	压膜绳			
	门			
	防虫网			
	手摇柄			
	人工			
	其他			
合计				
竹架结构大棚	竹竿			
	棚膜			
	铁丝			
	人工			
	其他			
合计				

二、大棚建造成本实例

（一）6 m宽装配式钢架大棚

主要以直径20 mm、厚2 mm的镀锌薄壁钢管为大棚骨架材料的钢棚棚型，棚宽6 m，顶高2.2～2.5 m，肩高1.2 m，拱间距1～1.5 m，使用寿命10年，每平方米造价10～20元。

（二）8 m宽钢架大棚

采用直径25 mm、厚1.5 mm的镀锌管搭建，顶高2.8～3.5 m，肩高1.8 m，使用寿命10年左右，每平方米造价20～30元。

（三）简易竹架大棚

棚型一般宽5～6 m，顶高2～3 m，侧高1～1.2 m，拱杆间距0.5～1 m，每平方米造价5元左右。

项目三　蔬菜春提早生产

春提早生产是在初春寒冷时节利用大棚的保温性能在大棚内栽培喜温蔬菜，以达到早熟、高产和高效的目的。春提早生产的蔬菜一般为经济价值较高的喜温蔬菜，四川地区常见的大棚蔬菜有番茄、茄子、辣椒、黄瓜、苦瓜、西瓜、生姜、蕹菜、豇豆、四季豆等。

任务 1　番茄大棚春提早生产

一、确定播种期

番茄是喜温蔬菜，种子发芽期的最低温度为 11℃，最适宜的发芽温度为 25～30℃，发芽的最高温度为 35℃。幼苗期白天适温为 20～25℃，夜间为 10～15℃，低于 10℃停止生长，长期处于 5℃以下则会出现冷害现象；开花结果期对温度反应敏感，白天 25℃左右、夜间 17℃左右时花器官的发育最充分，如温度低于 15℃不利于花器官正常发育和开花。结果期以白天 25～28℃、夜间 16～20℃较为理想。温度过低果实生长缓慢，温度过高受精不良，坐果数减少，并容易出现高温逼熟现象或形成空洞果。19～24℃的温度有利于番茄红素的形成，果实转红快，着色好；低于 15℃、高于 30℃则不利于番茄红素的形成，所以在低温和高温季节，番茄果实的着色较差。

确定播期的方法：由定植时大棚内 10 cm 深合适的地温出现时期和日历苗龄来确定。从大棚内 10 cm 深的地温达到某种菜根系生长的临界温度时起，向后倒推该种菜的日历苗龄天数，就是这种菜的播种期。当地温低于 8℃时，番茄根毛停止生长，在适温范围内提高地温可以促进根系发育。因此，早春番茄定植时，地温必须稳定在 8℃以上。四川盆地番茄的播种期一般在 10 月中下旬，川南地区为 10 月下旬到 11 月上旬，2 月上旬当地温稳定在 8℃以上即可定植，4 月中下旬开始采收，6 月中下旬采收完成。

二、准备材料

（一）种子

1. 选择品种

番茄春提早生产宜应选用抗病、早熟、耐寒、低温下结果性强、丰产的番茄品种，如红满天下、金元宝、金红36、爱玛等适应市场需求的优良品种。

2. 播种量

为了保证有足够的秧苗，必须确定蔬菜作物的播种量。育苗时种子用量的计算方法比较多，较简单的方法是考虑下列因素：实际需要种苗数、种子千粒重、种子发芽率及1.2～1.5安全系数（即增加20%～50%的种子用量）。

$$\text{播种量（g）}=\frac{\text{实际需要种苗数}\times\text{种子千粒重}\times\text{安全系数（1.2～1.5）}}{1000\times\text{种子发芽率}\times\text{净度}\times\text{纯度}}$$

番茄种子千粒重2.5～4 g，发芽率为85%，纯度为85%，净度为95%，以每667 m^2 种植番茄2000株计。因此，种植667 m^2 大棚的番茄需10 g的种子。

（二）育苗用地

番茄一般采用穴盘育苗，种植667 m^2 大棚番茄需用50孔塑料穴盘60个左右，每个穴盘的长×宽为54.4 cm×27.9 cm，一个穴盘的面积为0.15 m^2，需要育苗用地面积为10 m^2左右。

（三）农资

50孔聚苯乙烯塑料穴盘，一个穴盘装基质3 L左右，共需育苗基质约180 L。种植667 m^2 番茄，需准备尿素20 kg左右，复合肥40 kg左右，腐熟有机肥1000 kg左右，过磷酸钙40 kg，钾肥20 kg左右，常规杀菌剂和杀虫剂，小拱棚用的竹竿和塑料，白色地膜7 kg左右，银灰色地膜20 kg左右。

三、播种育苗

（一）浸种催芽

种子可用10%磷酸三钠浸种20～30 min或用1%的硫酸铜溶液浸种15 min，可杀死种子表皮的病菌，也可采用温汤浸种，种子先用55℃的温度浸泡15～20 min，期间不断搅拌，之后让水自然冷却，一般浸种3～4 h。由于55℃是大多数病菌的致死温度，10 min是在致死温度下的致死时间，因此，温汤浸种对种子具有灭菌作用，同时还有增加种皮透性和加速种子吸胀的作用。将吸胀水的种子放到28～30℃条件下催芽，经过2～3天就可发芽。催芽过程中，每天用温水冲洗1～2次。当出芽率达80%时播种。

图3-1　穴盘育苗

（二）播种

番茄大棚春提早生产多采用穴盘育苗，也可用大棚冷床育苗或电热温床育苗。采用穴盘育苗时将草炭、珍珠岩、蛭石按5∶1∶0.5比例混匀（也可直接购置育苗基质），用多菌灵、百菌清或代森锌消毒后，装盘，浇透水，穴盘每孔播种1粒已出芽的种子，播种后用已消毒的基质盖种，将穴盘放入大棚中，覆盖地膜或无纺布保温保湿，如图3-1所示。

（三）苗期管理

1. 间苗

当出苗达到30%以上时揭去地膜。当80%的苗有2～3片真叶时，进行间苗、补苗，每穴留苗1株，缺苗处用多余的苗补上。番茄壮苗的标准为株高15～20 cm，茎粗0.5～0.8 cm，上下部茎粗细一致；子叶完整，8～9片真叶，叶柄粗短，叶大而厚，色浓绿，带花蕾，侧根多而白，苗龄90～110天。

2. 温度及水分管理

冬至到立春是全年气温最低的时期，这段时期坚持以保温为主，通过“大棚+小拱棚+无纺布”保证幼苗的安全越冬，晴天中午适当揭开小拱棚膜和大棚膜通风，阴雨天则关闭大棚，适当揭开小拱棚膜即可，夜间若温度过低，则在小拱棚上加盖无纺布、草帘等保温材料，特别注意2～4叶期（花芽分化期）要使夜温在12℃以上，以减少畸形花的发生。

3. 补充肥料

2～3叶时，可在晴天中午喷浇0.3%～0.5%尿素或0.15%的尿素加0.15%磷酸二氢钾混合溶液进行叶面喷施。

4. 炼苗

立春前，气温逐渐回升，这时以炼苗为主，同时注意保温防寒。除雨天、霜雪天外，逐渐提早揭膜，延后盖膜，延长通风炼苗时间。定植前7～10天，严格控制水分，并揭去小拱棚的薄膜，揭开大棚两侧薄膜，白天适当通风炼苗。

5. 化学调控

当发现番茄苗徒长时，在两叶一心时可喷矮壮素 10～100 mg/kg 或多效唑 100 mg/kg。

6. 苗期病虫害防治

苗期常见病害为猝倒病、立枯病和灰霉病，可用 1000 倍液的代森铵、托布津、多菌灵等防治。苗龄长，中后期常见灰霉病，可用速克灵、扑海因、凯泽（烟酰胺）、适乐时（咯菌腈）、和瑞（嘧菌环胺）等防治。

（四）嫁接育苗

近年来，番茄嫁接育苗越来越受到欢迎，番茄嫁接所用砧木可选择兴津 BF－101 号、LS—89、KNVF、PFN、耐病新交 1 号、C96 等砧木种类，以优质番茄品种作接穗，不但能增强植株抗低温能力，而且能有效防治各种土传病害，提高产量和品质。番茄嫁接多采用劈接和贴接。劈接法嫁接，其依砧木的生长速度不同，一般砧木要比接穗提早 3 天左右播种，接穗和砧木苗的大小和粗度基本一致，在砧木 4～5 片真叶，接穗 4～5 片真叶时即可嫁接。嫁接方法是将砧木在离地面 10 cm 左右（2 片子叶上部 1～2c m 处）横向切断，再在横切口中央垂直向下切 1～1.5 cm 切口，然后将接穗保留子叶上部 3～4 片真叶，将其基部削成小“V”字形（长 1～1.5 cm，与砧木切口长短一致），小心插入砧木切口，对齐后用嫁接夹固定。贴接法的嫁接苗龄与前面一致，在砧木第 2 片子叶的上部节间斜削成长 1～1.5 cm、呈 30°角的斜面，去掉以上部分；接穗取 4～5 片真叶以上部分，削成与砧木斜面形状和面积相同但方向相反的斜面，把 2 个斜面迅速对齐贴紧，用嫁接夹固定或用嫁接导管固定。

四、土壤消毒

整地前应进行土壤消毒，如图 3－2 所示。消毒的方法有高温消毒、石灰氮消毒、石灰消毒、大水浸泡等。这些技术简便易行，效果好，安全、无污染。此外，也可用农药消毒，真菌性病害可用多菌灵、百菌清、敌克松、绿亨一号（噁霉灵）药液淋施土壤，或按每 667 m^2 用药 2～3 kg 拌适量的细土均匀撒施再翻耕，细菌性病害可用铜制剂、农用链霉素消毒。

图 3－2　土壤消毒

（一）高温消毒

温室大棚在夏季高温季节，将土壤翻耕，盖上地膜，再密闭大棚，地面温度能达到50℃以上，可杀灭部分菌源。

（二）石灰氮消毒

石灰氮俗称乌肥或黑肥，主要成分为氰氨化钙，为黑色的颗粒剂，pH 为12.4左右，具有调节土壤酸碱度、提高氮素利用率、改良土壤及防治土传病害的作用，在土壤中与水反应，先生成氢氧化钙和氰胺，氰胺水解形成，最终分解成氨。夏季最热，光照最好的时候，将蔬菜残体清理干净，然后将土壤整平灌水，灌水后2～3天，水分渗透后，每667 m^2撒石灰氮60 kg，同时撒上相应的有机肥，用旋耕机将石灰氮、有机肥深翻入土，土壤深翻整平后，覆盖透明薄膜将土壤完全封闭，同时将大棚封闭，15～20天后，揭开薄膜，晾晒3～5天，即可做厢定植。

（三）石灰消毒

石灰既可杀菌又可中和土壤的酸性，每667 m^2撒施石灰50～100 kg再翻耕，以减轻土传病害的发生。

（四）大水浸泡

有条件的地方可利用作物休闲之季，将水堵起来浸泡土壤。浸泡时间越长，效果越明显。如果浸泡20天以上，可基本控制线虫危害。

五、定植

（一）定植前的准备工作

整地同时施入充足的底肥，蔬菜施肥应坚持“有机肥为主，化肥为辅；多元复合肥为主，单元素肥料为辅”的原则，注意有机肥与化肥的配合，并根据不同作物合理配比氮、磷、钾及硼、镁、钼等微量元素肥料。如叶菜类以氮肥为主，适当配合一些磷钾肥；果菜类在整个生长过程中，氮、磷、钾的配合使用一定要适当，按照其生长发育规律进行肥水管理。番茄生育期长、需肥量较大，尤其对钾肥的需要量较大，施肥的原则是前期重施氮肥、磷肥，中后期增施钾肥，三元素的配合比例应为1∶1∶2。定植前7～15天内完成整地，并结合施肥，撒施有机肥1000 kg，尿素10～15 kg，过磷酸钙30 kg，硝酸钾20～25 kg，三元复合肥40 kg，早熟栽培以沟施最好。番茄栽培采用深沟高厢。

成都平原地区多采用深沟宽高厢，一般厢面宽1.2～1.5 m，沟深15～20 cm、宽约30 cm。高厢的主要优点在于：一是加厚耕层；二是排水良好，土壤透气性好，有利于根系发育；三是灌水不超过厢面，可减轻通过流水传播的病害蔓延；四是提高地温，有利于早春蔬菜如茄果类、瓜类、豆类等喜温蔬菜生产；五是南方夏季采用深沟高厢，沟内存水可降低地温。厢的走向直接影响植株的受光、光在冠层内的分布、通风情况、热量、地表水分等，栽培应采用东西走向，植株受光较好，有利于植株生长。图 3-3 为做厢。

图 3-3 做厢

为解决覆盖地膜后灌药的不便，应在做好厢后，在厢面撒上杀虫剂（敌百虫）和杀菌剂（多菌灵），如是透明地膜，还应喷芽前除草剂（乙草胺）。为了保证幼苗能充分地吸收水肥，土壤消毒后，应同时浇足底水。整平耙细，铺上地膜准备定植。

（二）定植过程

当大棚 10 cm 深的土温稳定在 8℃以上即可定植。四川及重庆地区一般在 2 月上中旬定植，晴暖（朗）天定植，起苗前对幼苗用 600～800 倍百菌清加 0.2%～0.3%磷酸二氢钾混合液喷一次，带药带肥定植，定植深度与育苗基质面基本一致。定植密度根据栽培方式、品种特性、上市时间要求及整枝方式而异。一般每厢种 2 行，株距 40～50 cm，每 667 m^2 定植 2000 株左右，如图 3-4 所示。定植后浇足定根水，覆盖小拱棚，关闭大棚。

图 3-4 定植

六、田间管理

（一）温、湿度管理

番茄定植后 4～5 天内一般密闭大棚，以提高温度加速缓苗。棚内最高温度出现在中午 12 时到下午 2 时左右，如在晴天，春节前后中午棚内的温度可达 38～40℃，最低温出现在日出前后，大棚内温度白天控制在 25～30℃，夜温在 10℃以上，如定植后外界气温突降，可在小拱棚上覆盖无纺布等保温材料，缓苗成活后开始通风换气、降温、降湿和增加光照。以后随着外界气温升高，逐渐增加通风时间，当外界气温稳定在 15℃以上时，可拆除小拱棚，揭开大棚两侧薄膜，既可通风，也可增加光照。图3-5为番茄田间表现。

图3-5 番茄田间表现

大棚栽培棚内湿度不超过80%，若棚膜出现水珠，就应通风；若温度低，不能通风，可用干布抹去膜上水珠。早春大棚在多层覆盖保温的情况下，容易导致湿度过高，因此温度与湿度应加强协调。如棚内湿度大时，只要温度不低于10℃，可在中午前后通风降湿；如湿度不是很大时，可加强保温，使大棚内温度保持在20～25℃。大棚水分管理的原则是前期要控制浇水，避免棚内低温高湿，结果期要充分供水。如能采用滴灌，可降低棚内湿度，提高地温，省水省时，有利于番茄生长，减少发病概率。

（二）肥水管理

大棚番茄施肥原则是重施基肥，及时追肥。当第一穗果开始膨大时，进行第一次追肥，每667 m^2可追8～10 kg的复合肥，随水追施60～70 kg氨基酸肥料；当第一穗果将要成熟，第二、三穗果已经坐果时，进行第二次追肥，每667 m^2按照速效三元复合肥10～15 kg及60～70 kg氨基酸肥料施入。此外，可根据番茄生长发育需要进行叶面施肥，在结果期喷0.3%磷酸二氢钾2次，对果实发育和增加品质有良好效果，同时用铜、硼肥等微量元素进行叶面喷施，可以增加番茄维生素C和可溶性固形物的含量，番茄在开花结果盛期，需水量大，而在四川及重庆正值春旱少雨时期，往往造成土壤干旱，因此多采用沟灌，但水不能漫过厢面，要做到水过沟干。

（三）搭架或吊蔓

当植株长到30 cm时，需搭架绑蔓。搭立支架的类型，因栽培目的、方式及采用的品种不同而各异。大棚番茄一般采用“人”字架，将番茄茎绑在竹竿上，也可采用吊蔓的方式，在大棚内拉上铁丝，将塑料绳吊在铁丝上，下部将番茄茎基本缠住，番茄生长一段时间后，要将蔓缠绕到绳子上，如图3-6所示。

图3-6 吊蔓

（四）植株调整

番茄植株调整包括整枝、摘心、去老叶

图 3-7　去老叶

等，通过植株调整调节植株营养生长和生殖生长。整枝方式包括单杆整枝、双杆整枝。单杆整枝：摘除全部侧枝，只留一个主杆，顶端花序上面留 2～3 叶摘心。一般早熟栽培、密植栽培、大果品种或植株开展度较大的品种多采用此整枝方法。双杆整枝：在主杆的第一花序下留一侧枝，让其与主杆同时生长，摘除其余侧枝。此整枝方法适用于中晚熟栽培。番茄植株调整应在晴天露水干后操作，侧枝摘除应在侧枝 5 cm 左右时进行，根据生产需要、栽培目的打顶摘心，生长中后期适当摘除下部老叶、病叶，如图 3-7 所示。

（五）保花保果与疏花疏果

番茄大棚春提早生产，常因气温偏低、光照不足、棚内湿度偏大引起落花落果。为了防止落花落果，除了要加强生产管理外，合理使用植物生长调节剂是最有效的措施。生产上多用 25～50 mg/kg 的 PCPA（又叫番茄灵、防落素），在花序有 2～3 朵花开放时喷花。要注意不同的温度、不同的天气条件施用的浓度不同，如早春温度较低，用药浓度为 40～50 mg/kg，晴天施用浓度为 25～30 mg/kg，阴天施用浓度为 30～40 mg/kg；温度稳定在 25℃以上时，可以不使用药剂处理。番茄因品种不同，每个花序着生的花数少则几个，多则 10 个以上，有些甚至超过 20 个。但为了确保果实品质和商品性，必须进行疏花疏果。在四川及重庆，早熟栽培一般保留 3～4 穗果，每穗果只留基部的 3～4 个果，其余的于开花期摘除。在疏果时，要尽早疏掉畸形果、病果。疏花、疏果都要在晴天露水干后进行。

七、病虫害防治

（一）病害

番茄病害种类较多，常见的有早疫病、晚疫病、灰霉病、枯萎病、青枯病等。

1. 早疫病

主要危害叶片，被害叶片呈椭圆形或不规则深褐色病斑，有同心轮纹，发病初期用多抗霉素、中生菌素、异菌脲（扑海因）、噁霜·锰锌（杀毒矾）、代森锰锌等喷雾防治，每隔 7～10 天喷一次，连续喷 3～4 次。图 3-8 为番茄早疫病叶片。图 3-9 为番茄早疫病茎。

图 3－8　番茄早疫病叶片

图 3－9　番茄早疫病茎

2. 晚疫病

主要危害叶片、茎部和果实，茎部危害后呈黑褐色的病斑，引起植株萎蔫，病菌在土壤或感染的番茄体内越冬，一旦发现病株，及时摘除病叶，拔出病株深埋，发病初期，可用农抗 120、多抗霉素等生物农药及瑞毒霉、普力克水剂、霜脲锰锌（克露）、吡唑醚菌酯＋代森联（百泰）或噁霜·锰锌（杀毒矾）等化学农药进行喷施，每隔 7～10 天喷一次，连续喷 3～4 次。

3. 灰霉病

幼苗期、成株期的叶片、茎、果实均可发病，潮湿时病部长出灰色霉层，可采用枯草芽孢杆菌、农抗 120、速克灵、异菌脲（扑海因）、甲霉灵、多霉灵、凯泽（烟酰胺）、适乐时（咯菌腈）、和瑞（嘧菌环胺）进行喷施或烟熏，每隔 7～10 天喷一次，连续喷 3～4 次。图 3－10 为番茄灰霉病。

图 3－10　番茄灰霉病

4. 枯萎病

下部叶片变黄，后萎蔫死亡，但不脱落，茎一侧从下到上出现凹陷区，变褐而枯死，有时半边正常，半边枯黄，可用多菌灵、甲基硫菌灵、甲基拖布津进行灌根。图 3－11 为番茄枯萎病。

图 3－11　番茄枯萎病

5. 青枯病

属于细菌性病害，病株顶部、下部和中部相继出现萎蔫，中午明显，傍晚恢复，整个植株不变色，茎叶仍是青绿色，切开茎维管束变成褐色，用手挤压有白色黏液流出，若发现病株，拔出病株，在病穴周围撒施石灰调节土壤 pH 值，在发病初期用农用链霉素、新植霉素、中生菌素、氢氧化铜（可杀得）等进行灌根，同时进行叶片喷施，每隔 7～10 天喷一次。图 3－12 为番茄青枯病。

图 3－12　番茄青枯病

（二）虫害

番茄虫害主要有蚜虫和棉铃虫等。

1. 蚜虫

群集在叶被、顶端幼嫩的部位刺吸汁液，造成卷叶或黄叶，可在大棚内挂黄板，挂的高度距离植株 50 cm，间隔 5 m 一张，既可用银灰色地膜减轻蚜虫危害，也可用抗蚜威、吡虫啉、吡蚜酮、除虫菊酯防治。

2. 棉铃虫

被幼虫蛀食叶、花和果实，可用黑光灯诱杀，也可用 BT 乳剂、棉铃虫核型多角体病毒、阿维菌素、功夫乳油、菊酯类农药在开花期前后进行喷施。图 3－13 为番茄棉铃虫。

图 3－13　番茄棉铃虫

八、采收

大棚春提早生产的番茄由于前期温度较低，果实转色较慢，一般在开花后 45～50 天才能采收。四川地区一般在 4 月中旬开始采收，6 月底采收完成。

任务 2　茄子大棚春提早生产

一、确定播种期

茄子喜温而且耐热，种子发芽最适宜温度为 28～30℃；幼苗期最低温度不得低于 15℃，高于 33℃，否则影响花芽分化；开花期白天 25℃，夜间 17℃最好；结果期适温为 25～30℃，低于 17℃生长发育缓慢，授粉受精和果实生长都会受到影响，低于 15℃基本停止生长，出现落花落果，低于 10℃会引起新陈代谢紊乱，5℃以下植株会受到冻害，短时（48 h 内）最低温度 3℃，最高温度 38℃。同化作用最适宜温度为 20～25℃。有研究表明，当夜间温度为 17℃时，白天的温度越高，形成开花的时间越短，但是健壮花越少，当白天温度为 25℃时，夜间的温度越高，形成开花的时间也是越短，健壮花也越少，这就说明只有在白天温度和夜间温度都在接近 25℃的时候最好。

播种过早，茄苗易老化，影响产量；播种过晚，上市时间延迟。大棚早春栽培茄子苗龄100～120天，茄子产生根毛的低温极限是12℃，地温稳定在12℃以上时即可定植，长江流域9月底10月初播种。

二、准备材料

（一）种子

1. 选择品种

春提早生产应选择耐低温和弱光、抗病性强、植株长势中等、开张度小、适合密植的早熟或中早熟品种。优良品种有丰盛娇王、黑霸长茄、蓉杂茄、渝早茄、三月茄等。

2. 播种量

以每667 m^2 种植1500株计算，茄子种子千粒重一般为4～5 g，发芽率高的种子每667 m^2 用种量为10 g左右。（计算方法见番茄大棚春提早生产）

（二）育苗用地

采用冷床育苗，每平方苗床用种子5～8 g，因此10 g左右的种子需准备2～3 m^2的苗床。

（三）农资

50孔聚苯乙烯塑料穴盘45个，一个穴盘装基质3 L左右，共需育苗基质约140 L。每667 m^2大棚茄子需准备尿素20 kg，复合肥40 kg，过磷酸钙50 kg，钾肥20 kg，有机肥2000 kg，常规杀菌剂和杀虫剂，小拱棚用的竹竿和塑料，白色地膜10 kg左右。

三、播种育苗

（一）浸种催芽

精选种子并适当晒种。用55℃温水浸泡20 min，待水温降至室温后再浸泡10 h左右。也可用50%多菌灵1000倍液浸种20 min，或0.2%高锰酸钾浸种10 min，将种子用湿纱布包好，放于28～30℃的条件下催芽，5～6天后2/3的种子露白时即可播种。

（二）播种

头年的9月底10月初进行播种，在大棚内采用冷床育苗。播种前，平整播种苗床，消毒后浇足底水，水渗透后撒一层干细土。把种子均匀撒播床面，播后覆盖1 cm细土，再覆盖地膜，以提高地温，加快出苗。

（三）苗期管理

出苗前棚内保持日温 25～30℃，夜温 15～18℃。出苗后及时撤掉地膜，适当降低棚内温度，以防止幼苗徒长，保持白天 20～25℃，晚上 14～16℃，超过 28℃要及时放风。经 33～35 天后，苗有 2 叶 1 心时假植于穴盘中，如地温高于 12℃时，茄苗会产生根毛，可以不用加温。到 12 月大棚内加盖小拱棚双层覆盖防寒过冬，后期控制浇水。定植前 7～10 天逐渐加大通风量，降温排湿，进行低温锻炼，夜温可降低至 12℃左右。这种育苗方式的茄子苗龄较长，积累了较多的光合产物，在 2 月中旬定植时，茄苗已有 10～11 片真叶，定植后即可提早开花结果。

（四）嫁接育苗

利用嫁接育苗栽培可大大减轻茄子黄萎病、枯萎病、青枯病、根结线虫病等土传病害的发生，同时可增强抗性，提高产量和品质，提早上市。生产中可选择托鲁巴姆、托托斯加、红茄等做砧木，多采用劈接法进行嫁接。由于茄子砧木发芽较慢，一般可用 30～50 mg/L浓度的赤霉素浸泡 1 天后播种，砧木比接穗早播 20 天左右。劈接法是在砧木 6～8 片真叶时，切去两片真叶以上部分，在茎中垂直竖切 1.2 cm 左右深的切口；接穗 5～7 片真叶时，取 2～3 片真叶以上部分，削成楔形后插入砧木切口，对齐后用嫁接夹固定，如图 3－14 所示。

图 3－14　茄子嫁接育苗

四、定植

（一）定植前的准备工作

长龄大苗容易形成僵苗，为促进茄苗及早生长，定植前一到一个半月培肥土壤，整地施肥，茄子耐肥，要重施基肥，结合翻地每 667 m^2 施腐熟有机肥 2000 kg、尿素20 kg、复合肥 40 kg、过磷酸钙 40 kg，耙平后做连沟 1.4 m 宽的高厢，盖膜密闭大棚。

（二）定植过程

茄子喜温，定植时要求棚内温度相对稳定在 10℃以上，10 cm 地温不低于 12℃。长江流域地区采用大棚＋小拱棚＋地膜覆盖栽培时 2 月定植；选择寒尾暖头的天气定植，按照品种特性和栽培方式确定密度，一般每厢栽 2 行，行距 45～55 cm，株距 50 cm 左右。每 667 m^2 定植 1500 株左右，地膜覆盖的要求是拉紧铺平，定植孔和膜边要用泥土封严。

五、田间管理

（一）温、湿度管理

定植后，要以闭棚保温为主，促进缓苗，缓苗后，晴天棚内温度超过30℃时，要及时通风，降温排湿。开花结果期，白天棚温不宜超过30℃，夜间在18℃左右。以后随外界温度的升高，要加大通风量和延长通风时间。根据当地温度适时撤掉小棚。当气温稳定在15℃以上时，应将围裙幕卷起，昼夜通风。南方早春季节阴雨天气较多，光照相对不足，在晴天或中午温度较高时，应部分或全部揭开小棚，增加光照。同时保持棚膜清洁干净，及时更换透光不好的棚膜。成都地区在用塑料大棚、小拱棚与地膜覆盖后，阴天白天可提高低温2～5℃，晴天白天可提高气温5～10℃。由于阴雨天较多，温度较低，为了促进茄子生长，定植后都应密闭大棚为主，晴朗高温天气可揭开小拱棚换气。

（二）肥水管理

茄子定植后气温较低，缓苗后可浇1次小水。门茄开花前适当控水蹲苗，提高地温，促进根系生长。茄子盛果期蒸腾旺盛，需水量大，保持土壤充分湿润。

茄子喜肥耐肥。缓苗后施1次提苗肥，每667 m^2施尿素10 kg，开花前一般不施肥。在施肥过程中，一般有2～3次的重肥，对茄采收后每667 m^2追施三元复合肥20 kg。以后根据植株生长情况适当追肥，一般可隔水补施氮肥，化肥与腐熟有机肥交替使用效果更佳。生长期内，叶面交替喷洒0.2％尿素和0.3％磷酸二氢钾可提高产量。

（三）植株调整

当茄子长到30 cm左右高度时，需搭架（见图3－15），以免茄子倒伏，一般在离茄子植株10 cm的位置插一根1 m左右的竹竿，用绳子将茄子茎绑在竹竿上，大棚内植株密度大，枝叶茂盛，整枝摘叶有利于通风透光，减少病害，提高坐果，改善品质，如图3－16所示。门茄开花后，摘除门茄以下的侧枝，当门茄长到3～4 cm时，门茄下面的叶片全部打掉；对茄坐果后，四门斗4～5 cm大小时，除去对茄以下老叶、黄叶、病叶及过密的叶和纤细枝，如图3－17所示。

图 3－15　茄子搭架

图 3－16　茄子抹芽

图 3－17　茄子田间表现

（四）保花保果

早春低温和弱（光）照易引起茄子落花和果实畸形。用 40～50 mg/kg 的 PCPA（对氯苯氧乙酸，又称防落素或番茄灵）喷花或涂抹花萼和花瓣可进行有效防治。

六、病虫害防治

（一）病害

茄子的主要病害有黄萎病、褐纹病、绵疫病等，主要虫害有红蜘蛛、茶黄螨等。

1. 黄萎病

茄子黄萎病沿叶脉间由外向里形成不定型的黄褐色坏死斑，严重时叶缘上卷，最后焦枯脱落，病叶自下而上从植株一侧向全株发展，因此又叫半边疯。对田间发现的病株用甲霜·噁霉灵（瑞苗清）、多菌灵、甲基硫菌灵（甲基托布津），每一病株灌药液0.3 L，隔 10 天灌 1 次，连灌 2～3 次。

2. 褐纹病

下部叶片先发病，出现圆形灰白至褐色病斑，轮生小黑点，茎部发病多位于基部，形成圆形或梭形灰白斑，严重时皮层脱落，露出木质部，植株易倒伏，在发病初期用百菌清、代森锰锌、噁霜·锰锌（杀毒矾）、甲霜铜喷雾，每隔 7～10 天喷 1 次，连喷 2～3 次。喷药时，加入芸苔素内酯类植物生长调节剂，可促进病株尽快恢复生长。

3. 绵疫病

主要危害果实，果面形成黄褐色或暗褐色凹陷斑，近圆形，潮湿时发展至整个果面，表面有白色棉絮状菌丝包裹，发病初期用霜脲·锰锌（克露）、霜霉威盐酸盐（普力克）、甲霜灵·锰锌（金雷）喷雾，每隔 7～10 天喷 1 次，连喷 2～3 次。

（二）害虫

1. 红蜘蛛（螨）

在发生初期用炔螨特（克螨特）、哒螨灵、甲氰菊酯、阿维菌素乳油、甲氨基阿维菌素苯甲酸盐（甲维盐）、联苯菊酯喷雾。图 3－18 为螨虫危害茄子叶片。

图 3－18　螨虫危害茄子叶片

2. 地下害虫

春季用糖酒醋（6 份糖，1 份酒，3 份醋，10 份水，再加少量敌百虫）液诱杀，可泡桐树叶或莴苣叶诱杀，性诱剂诱杀，可用敌百虫、溴氰菊酯等喷雾。

七、采收

在适宜温度条件下春提早生产的茄子定植后 30～40 天开始采收，一般在开花后 15～20 天开始采收。果实的采收标准是根据宿留萼片与果实相连部位的白色环状带（俗称“茄眼睛”）宽窄来判断，若环状带宽，表示果实生长快，果实嫩；若环状带不明显，表示果实生长转慢，要及时采收。采收时间最好是早晨，其次是下午或傍晚，中午含水量低，品质差。采收时最好用剪刀采收，防止折断枝条或拉掉果柄。四川成都地区大棚茄子一般 4 月中旬开始采收，一直可采收到 6 月中旬，如采用嫁接育苗，采收期可提前到 4 月上旬，从而获得更高的经济效益。

任务 3　辣椒大棚春提早生产

一、确定播种期

辣椒属于喜温蔬菜，种子发芽适宜的温度为 25～30℃，低于 15℃不易发芽，具有 3～4 片真叶后，能耐 0℃以上低温而不受冻害，初花期白天适应的温度为 20～25℃，夜间 15～20℃，开花结果期，温度低于 10℃，则难以授粉受精，引起落花落果，高于 30℃花器发育不全而落花，果实发育和转色适宜的温度为 20～30℃，播种育苗选择品种的原则是早熟或中早熟、耐寒、抗病、优质丰产等。播期应以定植时绝大部分幼苗达到大花蕾，定植时棚内 10 cm 土温在 12℃以上推算。一般四川成都地区大棚多层覆盖冷床育苗在 9 月下旬至 10 月上旬播种，温床育苗在 11 月下旬至 12 月上旬播种，1 月下旬至 2 月上旬定植。

二、准备材料

（一）种子

1. 品种

选用耐寒性强、树冠矮小的极早熟品种，如川优 2 号、川优 8 号、香辣 1 号、蜀香 1 号、二金条、二金条新 1 号、九香、川椒 B 特早、长香早尖、湘研系列、四川双流地方二荆条品种等。

2. 播种量

以每 667 m^2 栽培 2000 株计，辣椒种子的千粒重为 4.5～7.5 g，每 667 m^2 需辣椒种子 15～20 g。（计算方法见番茄大棚春提早生产）

（二）育苗用地

采用 50 孔塑料穴盘育苗，共需 60 个左右穴盘，一个穴盘的面积为 0.15 m^2，需要育苗用地面积为 10 m^2。

（三）农资

50 孔聚苯乙烯穴盘，一个穴盘装基质 3 L，需基质 180 L 左右。栽种 667 m^2 的辣椒需准备尿素 30 kg，复合肥 50 kg，过磷酸钙 50 kg，磷酸二氢钾 1 kg，有机肥 2000 kg，常规杀菌剂和杀虫剂，小拱棚用的竹竿和塑料，银黑双面薄膜 20 kg 或白色地膜 10 kg 左右。

三、播种育苗

（一）种子处理

播种前将种子进行消毒和浸种催芽。种子消毒常用的方法是温汤浸种。温汤浸种用 50～55℃的热水浸种 15～20 min，并不断搅拌，水温降至 25°～30°，浸 8 h，经过浸种的种子置于 25～30℃条件下保湿催芽，一般经 3～5 天，80％种子露白时即可播种。

（二）播种

辣椒春提早生产播种期一般在 10 月上旬，播种前采用穴盘育苗时将基质按一定比例混匀（也可直接购置育苗基质），用多菌灵、百菌清或代森锌消毒后，装盘，浇透水，穴盘每孔播种 1 粒，播种后用已消毒的基质盖种，将穴盘放入大棚中，覆盖地膜或无纺布保温保湿。

（三）苗期管理

1. 温度管理

当有30%的种子出苗后，及时揭去地膜、无纺布，并适当通风透光，降低苗床温度，促进秧苗的光合作用。白天温度控制在19～25℃，夜间温度控制在13～15℃。苗期遇寒冷天气，应在大棚内套盖小拱棚保温，小拱棚可用两层薄膜加一层保温材料覆盖，以增强保温能力。如棚内温度超过25℃，要加强通风，每天应及时揭开大棚内的小棚薄膜，并适当揭开大棚膜，增强秧苗抗逆性。必须强调的是，即使遇连续的雨雪天气，小棚薄膜也应每天揭开，以增强透光，提高光合作用能力，增强秧苗抗性。图3－19为辣椒育苗。

图3－19 辣椒育苗

2. 水肥管理

秧苗前期浇水要勤，低温季节要适当控制浇水，做到穴盘内营养土不发白不浇水，要浇就要浇透水。

3. 苗期病虫害防治

苗期常见病害为猝倒病和立枯病，可用1000倍液的代森铵、托布津、多菌灵等防治。

四、定植

（一）定植前的准备工作

整地施基肥至少应在定植前半个月进行。整地要求深翻1～2次，深度需达30 cm，并在晴天晒土，以降低土壤湿度，提高地温。辣椒早熟栽培宜施大量优质腐熟的有机肥，并加入适量人粪尿与过磷酸钙，这不仅能保证养分供应，而且能改良土壤，减轻病虫害。每个标准大棚基肥的施用量为腐熟堆肥500 kg左右，过磷酸钙和饼肥分别为27 kg和20 kg，或复合肥13 kg，一般整地前施入，整地后做厢，厢面宽1.4 m（包沟），覆盖地膜，密闭大棚，提高温度。

（二）定植过程

当棚内最低气温稳定在10℃以上，10 cm地温稳定在12℃以上时，有7天左右的稳定时期即可开始定植。成都地区一般在立春前后定植，大棚内加盖地膜或小拱棚可以适当提早定植，对定植后的恢复生长和早长早发更有利。为了便于集中管理和降低生产成本，应提倡适龄大苗定植。实践证明，在保护地环境中定植辣椒，应具有9～10片真叶，并开始发生分枝，带数个花蕾为宜。当地表下5 cm深处的地温低于13℃时，发根十分缓慢；地温达到15℃时，3～4天即发生新根；地温达到17℃时，2～3天即发新根；地温达到19℃时，1～2天就发新根。当土温13～15℃时，一般在大棚内覆盖地膜，同期地温可比露地提高2～3℃，若大棚套中棚套小棚栽培，则可延迟或提前15～20天。

定植初期采用大棚套小棚栽培。春季早熟栽培的目的是提早上市，特别要求前期产量高。因此，适当提高栽培密度，能提高前期产量。定植时选用优质壮苗，分级移栽。每厢栽两行，株距40～50 cm，每穴栽1株，每667 m^2定植2000株。种植深度以营养土面与厢面相平为宜，定植后及时浇足定根水，关闭棚门。

五、田间管理

（一）温、湿度管理

定植后5～7天密封大棚，维持大棚内温度在30℃左右，夜间采用多层覆盖保温防冻，白天应将覆盖物揭开透光，提高地温，早活棵。幼苗长出新叶后，白天棚温维持在24～28℃，高于30℃时要适时适度放风，排湿降温；夜间棚温控制在15～20℃，地温14～18℃，如果夜间温度低于15℃，则开花数减少，且易产生畸形果。棚早辣椒水分管理的原则是前期要控制浇水，避免棚内低温高湿。结果期要充分供水。如能采用滴灌，可降低棚内湿度，提高地温，省水省时，有利于辣椒生长和减轻发病。图3－20为辣椒田间表现。

(a)

(b)

图3－20 辣椒田间表现

（二）肥水管理

幼苗定植返苗后，结合中耕除草，追施1次充分腐熟的稀粪水，促早发早封行，门椒坐果后，随水追施氨基酸肥料50～60 kg/667 m^2，或者尿素10 kg/667 m^2；进入盛果期，一般每采收2次需追肥1次，同时每隔7～10天叶面喷施1次0.1%～0.3%的磷酸二氢钾。定植后7～10天，幼苗活棵返苗，应浇1

次返苗水，浇水量不宜过大，否则易造成沤根死苗或发生严重病害，至结果前视植株长势，阴雨天气一般不要轻易浇水。晴好天气期间一般 1～5 天浇 1 次水，使土壤保持润湿状态。

（三）植株调整

大棚栽培的辣椒，一般长势较旺，为防止倒伏，可在每株辣椒旁插上一根小竹竿，以支撑植株，也可在厢沟两侧距地面 40 cm 处架一道铁丝或横杆防止辣椒倒伏，并便于田间作业。为了改善通风透光条件、保持理想的个体及群体结构，需对辣椒调整，减少营养物质的消耗，调节营养生长和生殖生长的矛盾。植株调整主要包括摘叶和抹芽等。摘叶主要是摘除底部的一些病残老叶，抹芽是去除分杈以下的侧芽，植株都要选择晴天进行，有利于伤口愈合，减少病虫害发生和危害。

六、病虫害防治

（一）病害

1. 疮痂病

疮痂病又称为细菌性斑点病，主要危害叶片，最初在叶被面生成水浸状斑点，表面粗糙呈疮痂状，严重时引起叶片脱落，可以采用农用链霉素、新植霉素、中生菌素、氢氧化铜（可杀得）、春雷王铜、荧光假单胞杆菌喷施 2～3 次，7～10 天可以治愈。

2. 炭疽病（俗称“干烂”）

主要危害果实，发病初期呈水渍状黄褐色近圆形病斑，中央稍凹陷，斑面有隆起的同心轮纹，轮纹上密生小黑点，可以用多菌灵、甲基托布津、波尔多液、代森锰锌、克菌丹、多抗霉素、中生菌素、噻菌铜、枯草芽孢杆菌、百泰（吡唑醚菌酯+代森联）等进行防治。

3. 病毒病

有花叶型、蕨叶型和卷叶型。辣椒中常见的为花叶型病毒病。病毒病的发生主要靠蚜虫传播，因此要技术防治蚜虫，还要注意防雨、干旱等，增施有机肥、钾肥等有助于预防病毒病。另外，喷施病毒 A、几丁聚糖（太抗）、宁南霉素、嘧肽霉素、盐酸吗啉胍铜等可以预防病毒病，同时可喷施芸苔素内酯及时补充锌肥、钼肥防治病毒病。图 3-21 为辣椒病毒病。

图 3-21　辣椒病毒病

（二）虫害

1. 烟青虫

幼虫蛀食果实，可用黑光灯诱杀，或用杨树叶蘸敌百虫诱杀，也可用苦参碱、BT乳剂、阿维菌素、溴氰菊酯、氟啶脲（抑太保）交替在傍晚喷施。

2. 蓟马

吸食植物的汁液，初呈灰白色，斑内有黑色斑点，进而花瓣褪色、萎蔫、脱落，叶片出现枯斑，严重时植株枯萎，可用蓝板诱杀，也可用阿维菌素、（乙基多杀菌素）艾绿士等喷雾。图3-22为辣椒花蓟马。

图3-22　辣椒花蓟马

七、采收

当辣椒果实已经充分膨大，其表面具有较好光泽时即可采收。自开花到商品果实采收需要25～30天。在适温条件下，10～15天的果实即可上市。对长势较弱的植株，门椒和对椒采收要适当提前；对长势较强的植株，采收时适当留几个果实暂缓采收，可防植株生长过旺。当辣椒进入盛果期，结合市场价格，采收要勤、要早。另外，在采收时操作要轻，以免碰伤碰断枝条。

任务4　黄瓜大棚春提早生产

一、确定播种期

黄瓜性喜温暖，不耐寒冷，也不耐高温。种子发芽适宜的温度为28～32℃，超过35℃发芽率显著降低，12℃以下不能发芽，在10～35℃的温度范围内能生长，但生长的白天最适温度为25～29℃、夜间为15～18℃。生长的最低温度为10～12℃，10℃以下停止生长，5℃以下发生寒害，2～3℃会冻死。黄瓜对高温的忍受力最高为35～40℃。黄瓜的各个生育期对温度有不同的要求，根系需在地温15℃以上才能正常生长，最适地温为20～25℃；地温下降到10～12℃则停止生长，地温12℃以上根毛开始生长。不同品种对温度的适应能力有所差异，一般早熟品种耐低温能力较强，中晚熟品种耐高温能力较强。另外，黄瓜对温度的忍耐能力还与环境的适应变化有关，如在大棚内温度骤然降低到12℃以下，可能受害，而在冷床育苗中，5℃时也不会受害。经过低温锻炼的幼苗，能忍受短时间1～2℃的低温。

根据黄瓜生长发育对气候条件的要求，应考虑以下因素：一是品种选择，选用耐低温、耐弱光、雌花节位低、单性结实好、抗病能力强的早熟品种；二是播种期、定植期的确定，安全定植期向前推 40～45 天来确定播种期，安全定植期为棚内 5 cm 以下地温稳定在 12℃以上，棚内气温 6℃以上。四川地区大棚早熟黄瓜一般在 1 月上旬采用电热温床育苗，2 月中旬定植。

二、准备材料

（一）种子

1. 品种

早春黄瓜生产宜选早熟、第一雌花节位低、耐弱光、耐低温、强雌系、抗霜霉病的深绿色品种，如津优 1 号、津优 35、津绿系列、燕白等。

2. 播种量

采用营养钵育苗，以每 667 m^2 栽培 3000 株计，黄瓜种子千粒重为 20～35 g，每667 m^2需黄瓜种子 90～120 g。

（二）育苗用地

早春黄瓜多采用 8 cm×8 cm 营养钵育苗，一个营养钵装基质 0.2 L，共需育苗基质约 880 L。每 667 m^2 种植 3000 株，约有 4400 粒种子，需要 4400 个营养钵，一个营养钵的面积为 0.005 m^2，需要育苗用地面积为 22 m^2。

（三）农资

准备尿素 30 kg，复合肥 60 kg，有机肥3000 kg，过磷酸钙 40 kg，氨基酸肥料 200 kg，常规杀菌剂和杀虫剂，银黑双面地膜 20 kg 或白色塑料薄膜 10 kg 左右。

（四）电热线

四川地区功率密度为 80～100 W/m^2，一根绿色的电热线可以铺设 10 m^2，总共苗床为 22 m^2。因此，栽培 667 m^2的黄瓜苗只需 2 根电热线即可。

三、播种育苗

（一）种子处理

播种前将种子进行消毒和浸种催芽。种子消毒常用的方法是温汤浸种是和药剂拌种。温汤浸种是用 50～55℃的热水浸种 15～20 min，并不断搅拌，水温降至 25°～30°，浸泡 3～4 h，经过浸种的种子置于 28～32℃条件下保湿催芽，一般经 36～48 h，70％种子露白时即可播种。图 3－23 为黄瓜穴盘育苗。

（二）播种

黄瓜春提早生产播种期一般在 1 月上中旬，采用电热温差育苗，先挖好床坑，宽 1.1 m 左右，铺上电热线，再撒上一层营养土，将装好营养土的营养钵整齐排列于育苗床内，播种前 1 天浇足水，将催好芽的种子播于营养钵中，每钵 1 粒，并盖厚 1～1.5 cm 的土。然后在营养钵上面盖上地膜，扣上小拱棚，电热温床通电，保温保湿，维持苗床温度白天 20～25℃，夜间 10～15℃。

图 3－23　**黄瓜穴盘育苗**

（三）苗床管理

1. 出苗前管理

播种后到出苗前，以保温为主，采用大棚、小拱棚、地膜三层覆盖，甚至可以晚上在小拱棚上加盖无纺布，一般白天保持 25～28℃、夜间 15～20℃。

2. 苗期管理

当子叶出土后，及时揭去地膜，当 80%的种子出苗时，适当揭开小拱棚的两头，通风降温，控制在白天 20～25℃、夜间 13～15℃，防止秧苗徒长。当幼苗出现心叶时，开始降温炼苗，视天气可在白天完全掀开小拱棚，夜间盖上，幼苗长到 3 叶 1 心，可以视情况不盖小拱棚，白天打开大棚两侧棚膜，增加通风量，降温降湿。整个苗期要尽量使幼苗多见光，尽量少浇水。若需浇水，则应结合叶面肥选择晴天中午浇温水，叶面肥一般采用 0.2%的磷酸二氢钾或尿素。

3. 苗期病虫害防治

苗期常见病害为猝倒病和立枯病，可用 1000 倍液的代森铵、托布津、多菌灵等防治。

四、定植

（一）定植前的准备工作

黄瓜需肥量大，而且根系浅，前茬作物收获后及时深翻，使土壤疏松，同时避免连作。定植前 15～20 天施基肥和有机肥。一般每 667 m^2 施入充分腐熟的有机肥 2000 kg 作基肥，然后整地做厢。厢宽 1.5 m 包沟，厢高 20 cm，沟宽 30 cm，6 m 宽的大棚做成 4 厢。做厢后按每 667 m^2 用复合肥 60 kg、过磷酸钙 40 kg、尿素 20 kg 沟施入厢中央，盖上白色地膜。封闭大棚，提高棚温。

（二）定植过程

当地温达到 12℃以上，棚内气温稳定在 7～8℃时，进行定植。定植的具体时间应根据气温及设施的保温性能而定。四川地区一般在 2 月中旬到下旬定植，定植初期采用大棚套小棚栽培，春季早熟栽培的目的是提早上市，特别要求前期产量高。因此，适当提高栽培密度，能提高前期产量。定植选用优质壮苗，分级移栽，每厢栽两行，株距 30～40 cm，每 667 m^2 定植 3000 株左右。种植深度以营养土面与厢面相平为宜，定植后及时浇足定根水，关闭棚门。

五、田间管理

黄瓜定植后到雌花开花，这个阶段是获取早熟高产的关键。管理上要突出“以促为主，促控结合”的特点，主要通过温度、湿度、肥水措施对植株进行促控管理，以平衡营养生长与生殖生长。

（一）温、湿度管理

定植后 5～7 天为缓苗期，该阶段以保温、保湿为主，应盖好小拱棚，密闭大棚，以提高棚内气温和地温，促使种子迅速发根生长。此阶段，由于夜间温度较低，可在夜间覆盖草帘、遮阳网或无纺布以保温。当心叶开始生长，早晨叶尖出现吐水现象时，表明缓苗结束，幼苗开始生长。

缓苗后到根瓜坐住为初花期，应适当通风，降温降湿，使大棚温度白天保持在 25～30℃，夜间 15～16℃。白天揭去小拱棚上的覆盖物，增加光照。天气晴朗，气温较高时，要实时适当地掀开小拱棚及打开大棚的裙膜进行通风降温。

从根瓜采收到植株打顶前，为采收盛期。该时期要进行变温管理，加大昼夜温差，并调节棚内湿度。白天保持棚内温度 25～32℃，夜间保持在 13～18℃。通过通风来调节温度、湿度，保证茎叶健壮地生长，促进果实迅速膨大。进入 4 月中旬，气温渐高后，及时撤除小拱棚，掀开大棚裙膜。

（二）水肥管理

黄瓜根系较弱，叶片较大，幼瓜的生长膨大速度快，因而对水分及养分的需求大。定植后保持土壤湿润，进入采收期后，结合追肥补充水分。追肥总的原则是：生长前期控水控肥，避免引起病害和植株徒长；结瓜期则应勤施追肥，以促进植株早发、中稳及后健。具体的施肥措施是：定植缓苗后，视苗情施一次提苗肥，每个标准大棚用尿素 1.5～2 kg，进入采收期，每采收两次就要追肥一次，每个标准棚用复合肥 5～8 kg，并根据植株情况叶面喷施 0.2% 磷酸二氢钾。

（三）吊蔓整枝

当瓜秧抽蔓后，及时搭架吊蔓（见图 3－24）、绑蔓。吊蔓的方式有多种：可采用小竹竿搭建“人”字架；也可在每行上方横拉一道铁丝，在铁丝上、下挂尼龙绳，每株一根，把瓜秧缠绕在绳上。整枝打叶是栽培管理中的一项经常性工作，包括去雄花，去卷须（见图3—25），摘除第5节以下的侧蔓，中上部侧枝见瓜后留两叶摘心，及时去除畸形瓜、老叶、病叶，主蔓满架时进行打顶。

图3—24　黄瓜吊蔓

图3—25　黄瓜去卷须

六、病虫害防治

春黄瓜栽培上病虫害较多，病害主要有霜霉病、白粉病、枯萎病、细菌性角斑病等，虫害主要有蚜虫、白粉虱等。

（一）病害

1. 霜霉病

主要危害叶片，并由下部叶片向上部发展，发病叶片出现水渍状，后扩大为黄色斑，受叶脉限制呈多角形，最后变为褐色枯斑，潮湿时，叶背面长出黑色霉层。病斑连片，叶片枯黄，主要靠气流传播，发病初期可用保护性农药代森锰锌、烯酰吗啉、枯草芽孢杆菌、几丁聚糖、蛇床子素交替使用，发病中期用噁霜·锰锌、霜脲·锰锌、甲霜灵，每隔5天喷一次，连喷2～3次。图3—26为黄瓜霜霉病。

图3—26　黄瓜霜霉病

2. 白粉病

主要危害叶片、叶柄及茎，发病初期，叶片正面或背面产生小粉斑，后扩大呈白色连片的粉斑，严重时布满整个叶片，叶片逐渐枯黄、卷缩，靠气流或雨水传播，病初期可用武夷霉素、多抗霉菌素交替使用，每隔7天喷一次，

图3—27　黄瓜白粉病

连喷2～3次，发病中期可用氟硅唑、苯醚甲环唑、嘧菌酯、吡萘、嘧菌酯等交替使用，每隔7～10天喷一次，连续防治2～3次。图3－27为黄瓜白粉病。

3. 枯萎病

真菌性病害，多于黄瓜现蕾以后发生，植株青叶下垂，发生萎蔫，病叶由下向上发展，几日后植株萎蔫枯死，茎基部呈水浸状，后逐渐干枯，基部常纵裂，有的病株被害部位溢出琥珀色胶状物，根部褐色腐烂，病菌在土壤中越冬，发病初期可选用多菌灵、甲基立枯灵、双效灵交替灌根，每株灌0.5 L左右，每隔7～10天喷一次，连续防治2～3次。图3－28为黄瓜枯萎病。

图3－28　黄瓜枯萎病

4. 细菌性角斑病

主要危害叶片，严重时也危害叶柄、茎及瓜条。叶片受害时初为水渍状病斑，后变褐色，扩大后受叶脉限制呈多角形斑，病部腐烂，空气湿度大时，叶背有白色菌脓，干燥后有白色痕迹，病部质脆易穿孔。发病时，主要通过伤口、气孔或水孔传播，发病初期可用中生菌素、春雷霉素、乙蒜素、荧光假单胞杆菌进行喷施，每隔7～10天喷一次，连喷3次，发病中期可用氢氧化铜、络氨铜、春雷王铜、噻唑锌、噻菌铜交替喷施。图3－29为黄瓜细菌性角斑病。

图3－29　黄瓜细菌性角斑病

（二）虫害

1. 蚜虫

能传播病毒病，在叶背、嫩茎、嫩叶上吸食汁液，分泌蜜露，使叶面霉污，并向叶背卷缩，防治时可采用黄板，可用甲氰菊酯（灭扫利）、吡虫啉、吡蚜酮、蛇床子素等进行喷施。图3－30为蚜虫危害。

2. 白粉虱

成虫群居叶背刺吸汁液，大量分泌蜜露诱发煤污病，可用黄板诱杀，发病初期可用噻嗪酮（扑虱灵）、啶虫脒、氟啶虫胺腈（特福力）、甲氰菊酯（灭扫利）防治，主要以喷施叶片背面为主，每隔 7 天一次，连续防治 2 次。图 3-31 为白粉虱危害。

图 3-30　**蚜虫危害**

图 3-31　**白粉虱危害**

七、采收

一般从播种到开始采收需要 65～70 天，黄瓜雌花谢花后 10 天左右即可采收，特别是根瓜要及早采收。初收每隔 2～3 天一次，腰瓜及回头瓜生长较快，一般开花 8～10 天即可采收。结瓜盛期每天采收，采收宜在早晨或傍晚进行。

任务 5　冬瓜大棚春提早生产

一、确定播种期

冬瓜喜温暖，耐热耐湿，对干旱有一定忍耐力，在较高温度下生长发育良好，种子发芽适宜的温度为 30℃左右，20℃以下发芽缓慢，生长适宜的温度为 20～32℃，气温至 35℃以上仍能生长良好，40℃以上易导致植株早衰，15℃以下生长缓慢，12℃以下根停止生长，10℃以下光照弱，湿度大，容易受到冻害，20～25℃生长良好，25℃以上生产迅速，但较纤弱。四川地区冬瓜大棚栽培一般在 1～2 月采用电热温床育苗。

二、准备材料

（一）种子

1. 品种

四川地区大棚早熟冬瓜栽培应选择早熟、第一雌花节位低、单瓜小、耐弱光、可连续坐果的小型冬瓜品种，如成都大冬瓜、成都五叶子、早粉1号、吉乐、碧绿翡翠、广东黑皮等。

2. 播种量

采用电热温床加营养钵育苗，小型冬瓜以每667 m^2栽培1000株左右为宜，冬瓜种子的千粒重为42～59 g，栽667 m^2冬瓜需种子80 g左右。

（二）育苗用地

采用营养钵育苗，共有1500粒左右种子，共需1500个营养钵，每个营养钵的占地面积为0.005 m^2，需要育苗用地面积为8 m^2左右。

（三）农资

一个营养钵装0.2 L基质，需基质300 L。冬瓜根系发达，茎叶繁茂，蒸发量大，需水量多，特别是在着果后，要求水肥充足。准备尿素30 kg，复合肥80 kg，有机肥3000 kg，过磷酸钙40 kg，钾肥20 kg，常规杀菌剂和杀虫剂，小拱棚用的竹竿和塑料，白色地膜10 kg左右。

（四）电热线

四川地区功率密度为80～100 W/m^2，一根绿色的电热线可以铺设10 m^2，总共苗床为8 m^2。因此，栽培667 m^2的冬瓜苗只需1根电热线即可。

三、播种育苗

（一）种子处理

播种前将种子进行消毒和浸种催芽。用70℃左右的热水浸种，边加入热水，边不断地用木棒朝一个方向搅拌，水温降至30～40℃后，浸泡8 h，或用55℃温水浸种30 min；将浸好的种子反复搓洗，用清水洗去上面的黏液，用纱布包好进行催芽。经过浸种的种子置于30～32℃条件下保湿催芽，一般经过3~5天，70%的种子露白时即可播种。

（二）播种

冬瓜春提早生产播种期一般在1月上中旬，采用电热温差育苗，先挖好床坑，宽1.1 m左右，铺上电热线，再撒上一层营养土。将配制好的营养土或购置的营养土加入2 kg的复合肥后，混匀装入营养钵中，装好营养土的营养钵整齐排列于育苗床内，播种前1天浇足水，将催好芽的种子播于营养钵中，每钵1粒，并盖厚1～1.5 cm的土。然后在营养钵上面盖上地膜，扣上小拱棚，电热温床通电，保温保湿。

（三）苗床管理

播种后密闭苗床，提高温度，白天控制温度在28～30℃，夜间18～20℃，出苗后，揭去地膜，大部分出苗后适当降温，定植前 7～10 天炼苗，白天 18～22℃，夜间 10～14℃，如图 3－32 所示。到临近定植前的 2～3 天，还可以给予 4～6℃的低温锻炼，采用温床育苗，冬瓜苗龄为 35～40 天。

图 3－32　冬瓜育苗

四、定植

（一）定植前的准备工作

冬瓜种植生长快，产量高，覆盖地膜后有机质分解快，且后期很难再补充有机肥，因此应充分施入有机肥，提前 10 天将床土深翻、整平，每 667 m^2撒施腐熟有机肥 6000 kg、复合肥 40 kg，再翻耕耙细作厢，厢宽 1.8 m 包沟。耙细整平垄面后喷施果尔除草剂（每 667 m^2用量 50 mL），再覆盖白色地膜提温。

（二）定植过程

大棚内定植比露地早 30 天左右，当棚内温度达到 10℃，低温稳定在 15℃左右，苗龄 35～45 天，幼苗长至 3～4 片真叶时即可准备定植，一般在暖头寒尾 3 月初定植，定植时在厢面破膜开穴把苗坨埋入，坨面略低于厢面 1～2 cm，随即浇足定植水，栽完再搭小加盖小拱棚保温。株距 70 cm 左右，每 667 m^2 定植 1000 株，定植完成后 3～5 天要去田间看看是否有死苗的情况，如有死苗，应及时补苗。

五、田间管理

（一）肥水管理

冬瓜根系发达，吸水能力强，但叶片茂盛，蒸腾面积大，生长发育消耗水分多，因此对水的要求高，冬瓜对氮、磷、钾要求严格，一定范围内，氮肥可促进植株生长旺盛，磷钾肥可延迟植株衰老，进而提高产量。

定植后要及时封盖好地膜，以保温、保墒、增温，促进根系生长。坐瓜前应控制肥水，以免瓜蔓生长过旺而化瓜。一般定植后约半月，在厢的外侧植株间穴施追肥，每 667 m^2 混合施用复合肥、尿素各 20 kg，也可在叶面喷施 0.3％磷酸二氢钾、0.4％尿素和 0.2％硼砂混合液 2～3 次。进入 4 月中下旬气温升高，蒸发量加大，瓜膨大加快，宜保持土壤湿润，可每周一次在沟内大水快流，速灌速排。

（二）温、湿度管理

定植缓苗期大棚内尽量维持稍高温度，白天 28～32℃，夜间 16～20℃，促进缓苗。定植后 1 周内，棚内温度不超过 40℃可不放风，缓苗后可选晴天中午逐步放风，伸蔓期温度控制在白天 25～28℃，早晨最低不低于 12℃，以促瓜蔓增粗，节增密，防止徒长。3 月下旬逐渐加大通风。

（三）植株调整

当露地气温适宜冬瓜生长时，去除棚膜，瓜蔓长到 30cm 左右时，应随即引蔓。用捆扎绳将瓜蔓均匀吊悬于大棚内铁丝上，注意吊蔓时应小心理蔓，防止损伤叶片或茎蔓。瓜蔓上架前后应摘除所有侧蔓。随着蔓的生长，逐渐将蔓引到棚架上，布满整个棚面，从而扩展植株的生长空间。图 3－33 为冬瓜吊蔓。

图 3－33　冬瓜吊蔓

（四）摘心留瓜

早熟品种约在 8 节左右着生第一雌花，12 节左右着生第二雌花。一般第一雌花因条件差，形成的瓜较小，畸形多，而节位高的幼果虽然能发育成大瓜，但成熟过晚，所以当第一雌花出现时可尽早抹除，以第二雌花结瓜为主，并在瓜蔓长至 35 节左右时摘心。主蔓 1.2 m 以下的侧蔓应及时摘除，以利于主蔓结瓜及幼瓜发育。结果中后期，应及时摘除下部病叶，无病不摘叶，适当保留中上部侧蔓，促进侧蔓结瓜，提高单位面积产量。整个生长期中，注意避免主蔓折断，及时疏散侧蔓。

（五）人工授粉

早春因棚内气温偏低，昆虫活动少，须人工辅助授粉，以防落花化瓜。人工授粉应在上午 8～9 时进行，将刚开放的雄花摘下，除去花冠，将花药在当天开放的雌花柱头上轻轻涂抹，使柱头上粘有黄色花粉即可，每朵雄花可授 3～5 朵雌花。配合使用30 mg/kg 的坐果灵涂抹雌花瓜柄，有助于提高坐果率，促进幼瓜膨大。图 3－34 为冬瓜田间表现。

图 3－34　冬瓜田间表现

六、病虫害防治

冬瓜比较抗病虫害，常见病害有蔓枯病和疫病。

（一）蔓枯病

真菌性病害，茎基本发病，刚开始表皮淡黄色，后变灰色，斑面密生小黑点，有时溢白色胶状物，严重时表皮纵裂，茎部病斑长椭圆形或梭形，叶部病斑近圆形，深褐色至黄褐色，发病初期可用多抗霉素、中生菌素甲基硫菌灵、噻菌铜、甲霜灵·猛锌、福递（苯甲·嘧菌酯）、露娜森、百泰（吡唑醚菌酯+代森联）交替喷雾，每隔7～10天喷1次，连喷3～4次。

（二）疫病

土传真菌型病害，幼苗及成株均可发病，浸染叶片、茎、果实，叶片上的病斑初为小圆形或不规则形，扩大后呈圆形，暗绿色，水渍状，边缘不明显，潮湿时叶片腐烂，干燥时呈青绿色，易碎，茎节发病出现暗绿色水浸状病斑，明显溢缩，发病初期可用枯草芽孢杆菌、甲霜灵·锰锌、阿米西达（嘧菌酯）、百泰（吡唑醚菌酯+代森联）、噁霜·锰锌、霜脲·锰锌等交替喷施，每隔7天喷一次，严重时每隔5天喷一次，连喷3～4次。

其他病虫害见黄瓜病虫害及防治方法。

七、采收

早中熟品种，从开花到商品成熟需21～28天，早熟栽培一般采收嫩瓜为主，当气温到达30℃，授粉后8～9天，果重1 kg左右时即可采收，采收以早晨采收的品质最佳。如遇市场行情不好，可留至冬瓜成熟时采收，但开花授粉后的3周是冬瓜果实生长发育最快的时期，此后生长速度减慢，因此采收期最好在开花授粉后的3周内进行。

任务6　蕹菜大棚春提早生产

一、确定播种期

蕹菜性喜高温多湿条件，耐光、耐肥、生长势强。最大的特点是耐涝抗高温。种子萌发需要15℃以上，低于10℃种子不能发芽，种藤腋芽萌动需30℃以上，植株茎叶生长的适宜温度为25～30℃，温度高茎叶生长旺盛，采摘的间隔时间短。蕹菜能耐35～40℃的高温，15℃以下蔓叶生长缓慢，10℃以下时生长停止。春季大棚蕹菜栽培，利用塑料大棚加地膜，在2月上中旬进行直播栽培。此外，也可进行育苗移栽，如有条件可用温床育苗，其播种期可提早到元月。

二、品种选择

蕹菜根据其结子或不结子，可分为子蕹和腾蕹。

（一）子蕹

子蕹又叫小蕹菜、旱蕹，能结种子，以种子进行繁殖，节间短，耐旱，叶较大，以幼苗供食，适应性强，产量高，质地催嫩，有白花和紫花两种。主要品种有：杭州大白花子蕹、广州大骨青、大鸡白、成都小蕹菜、柳叶空心菜、竹叶空心菜、四川旱蕹菜、泰国空心菜等。

（二）藤蕹

藤蕹又叫大蕹菜、水蕹，不结种子，以茎蔓扦插繁殖，易分枝，叶较小，一般为水生栽培，生长期长，产量高。主要品种有：湖南藤蕹、四川大蕹菜、广西博白小尖叶、广州细通菜等。

大棚春提早生产一般以子蕹为主，宜选择适应性强、生长旺盛、叶片肥大的品种，如柳叶空心菜、竹叶空心菜、四川旱蕹菜、泰国空心菜等。

三、播种育苗

（一）种子处理

图3－35　**大棚蕹菜**

春季2月气温较低，蕹菜种子种皮厚而硬，发芽缓慢，用干种子播种一般需15天以上才可出苗，湿种子也需10天才出苗，如遇低温多雨天气，出苗不整齐且容量造成烂种。因此，要进行浸种催芽后再播种，浸种催芽3～4天即可出芽。浸种前先将种子在太阳下晒种1～2天，在种子播种前先用55℃左右温水浸种20 min，捞出种子后再用25℃的水浸种24 h，用湿布包好置于30℃左右温度下催芽。有条件的可用恒温箱催芽，没有条件的可用电热毯催芽。待种子露白，即可播种。图3－35为大棚蕹菜。

（二）播种

选择土壤疏松肥沃、排灌方便的田块建好塑料大棚。每 667 m^2 施用石灰 100 kg，充分腐熟的有机肥或厩肥 3000～4000 kg，磷肥 50 kg，复合肥 40～50 kg，进行翻耕整地作厢，盖上地膜保湿提温。播种前将厢面整平，要求土壤细碎，浇足底水后进行撒播。不用移栽，采用密播间拔采收，播种量每 667 m^2 20 kg。播种后可用细土或培养土覆盖，厚 0.5 cm 左右，再浇施一遍 10%～20%稀薄人粪尿水，用 96%金都尔 45～60 mL 兑水50 kg对厢面进行喷雾，防除杂草，厢面加盖地膜，厢上架小拱棚，并密闭大棚增温保湿。

营养繁殖可用老蔓扦插或用上一年宿根进行分枝繁殖，四川地区常将上一年的藤蔓进行保温储藏，然后在 25℃左右的温床催芽，苗高 10～16 cm 时，扦插到大棚中，也可将上一年的藤蔓移栽到基质上，保温保湿，保持藤蔓不死，等开春藤蔓恢复生长时，将藤蔓重新扦插到大棚中。

四、田间管理

（一）温、湿度管理

出苗前密闭大棚，提升棚内温度，以利于发芽出苗，棚内温度应保持在 30～35℃。当幼苗子叶约有 80%开始顶土时，揭去地膜等覆盖物，并随即将薄膜搭建好小拱棚保温。齐苗后选无风的晴天中午，气温较高时揭开膜进行喷水保湿。出苗后棚内温度控制在白天 25～30℃，夜间 20℃左右，并转入正常的温、湿度管理，寒潮天气时密闭大棚，做好保温增温工作，使棚内温度达到 10℃以上；当棚内温度高于 35℃时，要进行通风换气。在适宜的温度范围内，高温有利于蕹菜的生长。因此，做好蕹菜大棚的保温防寒是春季大棚栽培的技术关键。当蕹菜苗高 10 cm 并具有 4～5 片真叶时，也可将间拔苗进行定植。

（二）肥水管理

蕹菜根系发达，尤其是不定根多，吸收水分能力强，但其叶片大、蒸发量大，且栽培密度高，需水量大，所以需要较为湿润的环境。环境湿度低，则藤蔓粗老，严重影响品质，产量也明显下降。相对而言，子蕹的耐旱能力较藤蕹强，故常在旱地栽培。蕹菜生长旺盛，需肥量大，尤其对氮肥的需求量较大，而且也比较耐肥。蕹菜是多次采收的作物，除施足基肥外，还需根据苗情多次追肥。施肥原则为：先稀后浓，以氮为主。当出现第一片真叶时施提苗肥，每 667 m^2 施 2%～3%充分腐熟的人畜粪肥水 500～1000 kg；2～3 片真叶时，每 667 m^2 浇施 10%～15%人畜粪肥水 1000～1500 kg。当幼苗 3～5 片真叶时，每 667 m^2 用复合肥 15～20 kg 加尿素 2～4 kg 混合进行浇施追肥，以后依据苗情进行追肥。

五、采收

四川地区蕹菜一般 3 月可采收第一批。当蔓长 30 cm 左右时，进行第一次采摘，第一次采收时，茎基部保留 2 个茎节，以促进萌发较多嫩枝而提高产量。第二次采收时将茎基部留下 1～2 个茎节，第三次采收时仅留一个茎节，以促进其发生更多分枝，每次采摘 2～3 天伤口愈合后，每 667 m^2 追施尿素 5 kg。

任务 7　生姜大棚春提早生产

一、确定播种期

姜喜温暖，不耐寒冷，种姜高于 16℃开始发芽，幼芽适宜生长的温度为 22～25℃，茎叶生长适宜的温度为 22～28℃，温度高于 30℃时生长不良，温度低于 15℃时，植株停止生长。大棚春提早生产，一般采用电热温床催芽，当大棚内采用多层覆盖保证低温不低于 15℃时，即可定植。在四川地区，一般在 1 月中下旬种姜催芽，2 月中旬定植，川南地区可适当提前。

二、品种选择

南方地区常见的生姜品种有：

(1) 红爪姜：浙江省地方品种，植株生长势强，株高 60～80 cm，姜块肥大，皮淡黄色，肉蜡黄色，芽带淡红色，纤维少，辛辣味浓，品质优。单株根状茎重 400～500 g。

(2) 黄爪姜：浙江省地方品种。植株较矮，根茎皮淡黄色，芽不带红色，节间短缩，肉质致密，辛辣味浓，品质优。单株根状茎重 250 g 左右。

(3) 疏轮大肉姜：广州市地方品种。植株生长势强，株高 80 cm 左右，分枝少，姜块肥大，皮淡黄色，肉黄白色，姜球呈单层排列，辛辣味浓，纤维少，肉质嫩，品质优。

(4) 竹根姜：四川的地方品种，株高 70 cm 左右，叶色绿。根茎为不规则掌状，嫩姜表皮鳞芽紫红色，老姜表皮浅黄色，肉质脆嫩，纤维少，一般单株根茎重 205～500 g，每 667 m^2 产 2500 kg。

(5) 大棚生姜：以嫩姜鲜食为主，因此宜选用早熟、高产、抗病、粗壮、皮色淡黄有光泽、质地硬、不腐烂、芽头肥圆水红色、无病虫害的姜块作种。

四川地区常用竹根姜或大白姜作种，每 667 m^2 地用种姜 600 kg 左右。

三、播种

（一）种姜用量

选择肥大，形状扁平，节间短，有光泽，不干缩，未受冻，无伤痕，无病虫害，符合品种特性的姜块做种姜，一般每 667 m^2 种植 4000～5000 株，用种量 600 kg 左右，如图 3－36 所示。

图 3－36　种姜

（二）种姜处理

1. 晒姜

播种前一个月，即 1 月中旬左右，从储藏窖中取出种姜，平铺晾晒 1～2 天，提高温度，减少水分。当姜肉变干、发白、稍有皱纹时停止晒种。晒种有利于降低种姜的水分和提高温度，有利于整齐发芽。

2. 催芽

催芽可使种姜提早、整齐出芽，是生姜大棚早熟栽培获得成功的关键技术之一。生姜催芽方法很多，大棚早熟栽培常用电热温床催芽，具体操作如下。

（1）催芽床准备：在大棚中间位置挖一宽 1.2～1.5 m，深 30～35 cm 的凹床，长度依姜种多少而定。床底铺一层隔热层，再铺电热线，一根绿色的电热线铺设 10 cm^2 左右，在电热线上覆盖 4～5 cm 厚的干细土。

（2）催芽过程：在催芽床上铺上厚 5～8 cm 的干稻草，将经晒种处理的种姜排放在准备好的催芽床内，种姜堆放厚 10～15 cm，铺一层稻草，盖上塑料薄膜，上搭小拱棚保温。整个催芽过程不揭大、小棚膜，夜间小拱棚上加盖草帘保温，如图 3－37 所示。

（3）芽床管理：芽床保持 20～28℃范围内变温处理，前期 20～22℃，中期 25～28℃，后期 22～25℃。保持相对湿度 70％左右，有利于形成短壮芽。

（4）催芽终止：在催芽过程中经过萌动、破皮、节部逐渐产生轮纹等过程。生姜的栽植一般以姜芽具 2～3 个轮纹为宜，此时应终止催芽进入定植阶段，如图 3－38 所示。催芽期需 45 天左右。

图 3-37 催芽

图 3-38 催好的姜芽

四、整地定植

（一）整地做厢

生姜根系浅，既怕旱又怕涝，忌连作，生姜对土壤酸碱度反应敏感，在中性或微酸性土壤中生长良好，pH 以 5～7 较为适宜。pH 过高或过低对茎叶生长均有不良影响。大棚早熟栽培生姜应选择地势稍高，排灌方便，土层深厚、疏松、肥沃的沙壤土种植。有条件的最好冬前深翻土壤、晒白、风化。定植前 30 天密闭大棚，并深翻一次，以提高地温和降低土壤含水量。生姜产量高，需肥大，必须施足基肥，每 667 m^2 大棚可施入有机肥 3000 kg 作基肥，高钾复合肥 40～50 kg、硫酸钾 10 kg、锌肥3 kg、硼砂 2 kg 加 2 kg 辛硫磷颗粒剂混匀后，撒入沟内，用锄头翻动土壤，使肥料与底土混匀，深翻，做厢，按行距 50 cm 左右开种植沟，沟深 30～40 cm，厢沟宽 30 cm 左右。图 3-39 为姜生产用厢。

图 3-39 姜生产用厢

（二）定植

定植前在定植沟内浇透水，施适量草木灰或石灰。定植时把催好芽的大姜块掰成 50～70 g 的小块，带 1～2 个短壮芽，其余芽除掉，如图 3-40 所示。定植应选晴天进行，在沟内浇透水，浇水时可加入荧光假单胞杆菌等杀菌剂随水浇灌，可进行土壤消毒，水渗透后，摆放姜种，姜种牙口朝上，株距 10 cm，播种结束后覆土 7 cm，再播种另一沟，覆土后浇水，如图 3-41 所示。定植时按株距（两个芽的距离）宜 10 cm 左右逐一排放于种植沟内，姜芽稍向沟两侧倾斜，以便将来采收娘姜，定植后覆土 4～5 cm，生姜耐阴，一般可定植 4000～5000 株，定植后整平厢面覆盖地膜，搭小拱棚。

图 3—40　掰姜芽

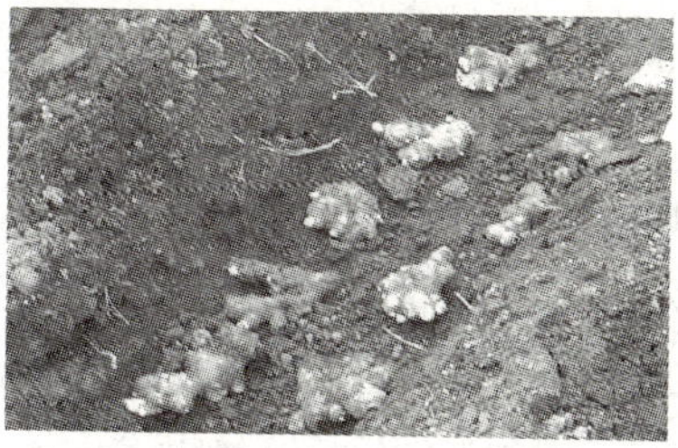

图 3—41　播种

五、田间管理

（一）温、湿度管理

图 3—42　覆盖地膜

生姜出苗前，密闭大、小棚膜，以利保温；3 月上中旬出苗后，及时划破地膜，使姜芽（苗）伸出地膜，以免灼伤幼嫩茎叶，小拱棚采用日揭夜盖，棚温不得超过 35℃，特别是土壤湿度较高时，更应注意通风，以防徒长。3 月下旬，温度升高，拆去小拱棚。5 月上旬揭去大棚两边的膜，保留顶膜覆盖，如图 3—42 所示。这种覆盖方式的作用有：一是可以利用农膜的遮阴作用；二是可以防止暴雨危害；三是农事操作不受天气影响。

（二）水分管理

生姜为浅根性植物，根系不发达，不能利用土壤深层的水分，幼苗期植株生长慢，生长量小，需水量少。进入旺盛生长期，生长速度加快，需要大量水分。出苗后，土壤要适当干燥，以利于提高地温，促进出苗及根系的生长。在齐苗至采收的整个生长期间，保持土壤湿润，但如果土壤过分潮湿或雨水过多，则往往引起徒长，并易诱发病害。

（三）营养管理

生姜对养分的吸收以钾肥最多，氮肥次之，磷肥最少。生姜需肥量大，除施足基肥外，应及时追肥，追肥分 2 次进行。第一次在齐苗后，主茎充分展开时进行，每667 m^2施合肥 10 kg。第二次在植株进入分蘖期进行，施复合肥 10 kg，尿素 5 kg。

（四）遮阴

生姜喜阴，不耐强烈的阳光直射，以散射光对生长较为有利。在气温常达到 25℃以上时，要在棚内搭遮阴网遮阴。阴雨天气不遮阴，晴天上午 9 时至下午 4 时遮阴。

（五）中耕除草培土

生姜生长期间要求多层中耕除草和培土，生姜开始分蘖时，揭去地膜，进行第一次除草，前期每隔 10～15 天进行一次浅中耕，多在雨后进行，保持土壤湿度，防治土壤板结。到株高 40～50 cm 时开始培土，夏季多雨，应结合培土将厢沟加深至 30 cm。以后结合肥水管理进行多次培土，使原来的种植沟形成垄，垄高 10～12 cm，宽 20 cm 左右。培土可防治新形成的姜外漏，促进块大、皮薄、肉嫩。

六、病虫害防治

（一）病害

1. 腐烂病（俗称姜瘟病）

腐烂病是一种细菌性病害，根茎上病斑初呈水浸状，黄褐色，后逐渐软化腐烂，仅留表皮，挤压病部可渗出白色有恶臭的菌脓，病叶萎蔫下垂，由黄变褐，最后枯死，一般 8～9 月为发病盛期，15℃以下很少发病，高温、多雨时病害发生严重。发病重地块轮作 2～3 年。选用无病种姜栽植，栽种生姜前先用 1%波尔多液浸种 20 min，或蘸草木灰封住种姜伤面，避免病菌从伤口侵入。生姜腐烂病菌是酸性，整地时，每 667 m^2 增施消石灰 100 kg，调整土壤呈微碱性，可控制病害发生。发病时，拔出病株，用硫酸铜、农用硫酸链霉素、中生菌素、春・王铜（加瑞农）、氢氧化铜、噻唑锌、荧光假单胞杆菌等灌根，每隔 10 天灌一次，共灌 1～2 次。

2. 斑点病

斑点病是姜的重要病害，主要危害叶片，出现黄白色叶斑，梭形或长圆形，病斑中部变薄，易破裂或穿孔，严重时，病斑星星点点布满整个叶片，使叶片黄化坏死，发病初期用甲基硫菌灵、百菌清、异菌脲（扑海因）等，每隔 7～10 天喷一次，连喷 2～3 次。

3. 生理性卷叶

在生姜生长前期，部分生姜有卷叶现象，主要原因有：种块过小，根系偏少，营养供应不上，出苗期间地块水分不够，有地下害虫危害或施用了未腐熟的农家肥等。发现卷叶，要及时喷施生长调节剂碧护 20000 倍液、云大 120、生姜展叶灵等，以增强植株生长力。手工剥开叶片，也有较好的效果。

（二）虫害

1. 姜螟

以幼虫咬食嫩茎，钻到茎中继续危害，使地上部茎叶枯萎，故又称为钻心虫。防治方法：在发生初期发现枯心苗，被害叶片因失水而卷曲，即可用刀将螟虫连同受害苗茎叶一齐割除，杀死或烧毁，使其基部再发分枝补缺。药剂防治要在虫卵孵化高峰期，螟虫尚未钻入心叶蛀食之前，及时喷施 BT 杀虫剂、多杀菌素、阿维菌素、氟啶脲（抑太保）、氟苯脲（农梦特）等。

2. 姜蛆

异型眼蕈蚊，姜储藏期间主要害虫，也危害种姜，可用辛硫磷浸泡种姜，也可用敌杀死、溴氰菊酯、高效氯氟氰菊酯等喷施。

七、采收

大棚生姜宜早挖姜上市，当分蘖进行到第三、四次时陆续采收。四川地区嫩姜一般可在 5 月底 6 月初开始采收上市，采收时整窝挖出生姜，抖落大部分泥土，用小刀从地上茎基部切断。用高压水柱冲洗干净生姜上面的泥土，清洗整形后，进行装箱上市。

任务 8　豇豆大棚春提早生产

一、确定播种期

豇豆一般进行露地栽培，但近年来不少地区为提早采收而采用大棚覆盖栽培。豇豆是喜温而又耐热的蔬菜，种子发芽适温为 25～28℃，发芽最低温度为 10～12℃，种子吸水萌动温度不低于 5℃，过低的温度会造成下胚轴变红。生长适宜的温度范围为 20～30℃。在 32～35℃的高温条件下，茎叶仍生长，但容易落花落荚，豆荚容易老化、食用品质下降。豇豆对低温敏感，15℃以下植株生长缓慢，10℃以下生长受到抑制，5℃以下植株受冻，0℃时死亡。豇豆大棚春提早生产，四川地区一般在 2 月上中旬播种，3 月上旬定植。

二、准备材料

（一）种子

1. 品种

豇豆早熟栽培需选用早熟、抗病、高产、优质、符合市场消费习惯的品种，四川早熟栽培可选用成豇5号、成豇7号、农望豇豆、川优豇豆、优胜豇豆、优胜106、玉柳一号、华润豇豆等。

2. 播种量

以每667 m^2栽培9000株计，豇豆种子的千粒重为80～120 g，需豇豆种子1000～1200 g。

（二）育苗用地

采用8 cm×8 cm的营养钵育苗，每钵播种3～4粒种子，需3700个左右营养钵，每个营养钵的占地面积为3.14×0.04×0.04=0.005 m^2，需要育苗用地面积为3700×0.005=18.5 m^2。

（三）农资

8 cm×8 cm的营养钵，一个营养钵装基质200 mL，需育苗基质200 mL×3700个钵=740 L。豇豆对磷钾肥的需求量较大，特别是开花结荚期，增施磷钾肥能促进开花结荚并促进豆荚的发育，在苗期及开花前，植株对氮肥的需求量较大，适当补充氮肥能促进豇豆植株的营养生长，防止植株早衰。准备尿素10 kg，复合肥50 kg，有机肥3000 kg，常规杀菌剂和杀虫剂，小拱棚用的竹竿和塑料，银黑双面薄膜20 kg，白色地膜10 kg，过磷酸钙40 kg，钾肥20 kg。

三、播种育苗

（一）播种

四川地区豇豆春早熟栽培播种期一般在2月中下旬，豇豆春早熟栽培育苗一般在大棚内进行，播种前精选粒大饱满、无病虫、无破损的种子，并选晴朗天气晒种1～2天。播种前可将种子在80℃的水中迅速烫一下，随即加入冷水降温至30℃左右，加入0.2%的磷酸二氢钾浸种4～6 h，营养钵中装入80%的基质，浇透水，干湿适宜，不可过湿，否则容易烂种。播种时将种子播于营养钵内，每钵播3～4粒种子，播种后覆盖基质1.5～2 cm，稍加镇压后覆盖地膜保温保湿。

（二）苗期管理

1. 温度管理

播种后苗床温度控制在25～30℃，最低不低于15℃，如果温度较低，则还需搭建小拱棚保温。播种后4～5天开始出苗，当有30%左右的种子出土后，及时揭去地膜，当多数种子出苗后，应降低苗床温度，使白天温度保持在20℃左右，最高不超过25℃，夜间最低温度不低于15℃，若温度过高，则可揭开小拱棚降温。

2. 水肥管理

播种时浇透水，整个苗期一般不追肥。根据天气情况浇水，土壤相对湿度70%左右，防止过干或过湿，整个苗期以控制水肥为主。

3. 炼苗

定植前 7 天左右开始进行炼苗。炼苗期间，夜间的最低温度不能低于 10℃。

四、定植

（一）定植前的准备工作

豇豆不耐涝，且生长期长，生育期间需要较多的养分，定植前 10～15 天整地施基肥，一般每 667 m^2 施有机肥 2000 kg、尿素 10 kg、过磷酸钙 30 kg、硫酸钾 20 kg。整地后按 1.3～1.4 m 包沟做厢，厢面宽 1～1.1 m，沟宽 30 cm，厢高 20～25 cm，厢面上铺白色或银黑色双面地膜。

（二）定植过程

春早熟栽培一般于 3 月上旬，气温基本稳定在 12℃时，选择晴天大苗移栽，豇豆尽管根系发达，但根系的再生能力较弱，所以宜小苗移栽，子叶展开、第一片真叶显露时即可定植。苗床育苗一般第一片复叶展开时定植，营养钵育苗可延迟到具有 2～3 片真叶时定植。豇豆采用双行定植，穴距 30～40 cm，每穴定植 3～4 株。定植时地膜开口宜小，定植后即浇点根水，然后用泥土封口。

五、田间管理

（一）温、湿度管理

定植后成活前，应保持较高棚温，定植时若温度低，在定植后，应每厢搭小拱棚覆盖保温，白天保持在 25～30℃，夜间保持在 15℃以上，密闭不通风，以提高地温，促进还苗。还苗以后，棚温白天保持在 22～25℃，夜间不低于 15℃，若棚温高于 30℃，即通风降温。进入开花期后，白天棚温以 20～25℃为宜，夜间不低于 15℃，在确保上述温度的条件下，尽量昼夜通风，以利于开花结荚。

（二）补苗

定植后要及时检查，对缺苗或基生叶受损伤的幼苗应及时补苗。补苗后要及时浇透水，以保证这些苗能与其他正常苗同步生长。

（三）水肥管理

在大棚豇豆栽培中，水分管理总的原则是“浇荚不浇花”，从苗苗后到开花结荚前，要严格控制水分，否则会引起徒长，一般定植后隔 3～5 天浇一次水，以后原则上不浇水，同时大棚栽培浇水量不宜过大，以土壤“见湿见干”、保持地面湿润为宜，有利于维持植株长势，防止早衰。豇豆追肥的原则是“花前少施，花后多施，结荚期重施”，追肥应以氮钾肥为主。一般秧苗成活后追施一次提苗肥，每 667 m^2 施尿素 10 kg。结荚后追施过磷酸钙 3 kg，复合肥 15 kg。豇豆生长后期，可连续重施追肥 2～3 次，每次用复合肥 5～7 kg，以促进植株旺盛生长，继续抽发花序，提高结荚率，延长采收期，增加产量。

（四）搭架引蔓

大棚栽培的豇豆以蔓生豇豆居多，一般应在植株开始“甩蔓”时搭架引蔓，防止相互缠绕，以利于通风透光，减少落花落荚。一般用 2～2.5 m 长的竹竿搭人字架，每穴插一根，在距植株基部 10～15 cm 处将竹竿插入土中 15～20 cm，中上部 4/5 的交叉处放一竹竿，用绳子扎紧作横梁。豇豆生长为右旋型，搭架后按逆时针方向引蔓 2～3 次，使植株茎蔓沿支架生长，以后让其自然生长。

（五）整枝

早熟密植栽培的豇豆，一般要进行整枝，整枝可防止茎叶过于繁茂，有利于早开花结荚，提早收获上市。整枝包括抹底芽、打腰杈、主蔓摘心和摘老叶等。

1. 抹底芽

主蔓第 1 花序以下的侧芽及早彻底除掉，使主蔓粗壮，主蔓花序早开花结荚。

2. 打腰杈

主蔓第 1 花序以上各节位上的侧枝，留 1～3 叶摘心，保留侧枝上的花序，增加结荚部位，早熟品种一般采用此方法。

3. 主蔓摘心

主蔓长 15～20 节、2～2.3 m 时，摘心封顶，控制株高。顶端萌生的侧枝留一叶摘心。这样可控制营养生长，促进下部节位花芽形成和发育，防止主蔓过长，造成架间相互缠绕，形成遮阴，影响光照，也不利于采摘豆荚。

4. 摘老叶

豇豆生长盛期，底部若出现通风透光不良，易引起后期落花落荚，可分次剪除下部老叶。

六、病虫害防治

豇豆常见的病害有锈病、煤霉病、枯萎病和根腐病等，虫害主要是豆荚螟，应采取措施及早防治。

（一）病害

1. 锈病

空气传播，主要危害叶片，严重时叶背面布满锈色疱斑，引起叶片大量失水并干枯脱落，茎蔓、叶柄和果荚也可受害，发病初期可喷施春雷霉素、武夷菌素、几丁聚糖、吡萘·嘧菌酯（绿妃）、三唑酮（粉锈灵）、世高（苯醚甲环唑）等，每隔 5～7 天喷 1 次，连喷 3～4 次。

2. 煤霉病

叶两面生紫褐色小斑，扩大后呈近圆形淡褐色病斑，边缘不明显，表明密生黑色霉层，病叶由下向上蔓延，在发病初期可用春雷霉素、武夷菌素、乙醚酚代森锰锌、甲基硫菌灵、多菌灵等喷施，每 5 天左右 1 次，连续防治 2～3 次。

3. 枯萎病

实行 3 年以上轮作；采用高垄深沟栽植，结合整地每 667 m^2 施生石灰 100～150 kg；发病初期，用蛇床子素、枯草芽孢杆菌、醚菌酯、琥·乙膦铝、多宁等喷淋根部。

4. 根腐病

植株的主根或须根变黄，地上部无明显症状，以后病部明显扩展，地上部的叶片在中午时下垂，早晚恢复。几天后，根部呈黄褐色湿腐，地上部呈青枯状萎蔫、死亡。发现病株后拔除，可用精甲·咯菌腈与碧护灌根 3 次，每隔 6～7 天喷 1 次。

（二）虫害

豆荚螟：成虫产卵于花器和嫩梢部位，幼虫蛀食花器、豆荚，从植株现蕾开始，每隔 10 天对花、蕾喷药 1 次可控制危害。药剂可用苦参碱、除虫菊酯、阿维菌素、抑太保、BT 杀虫剂，在上午 10 时之前花瓣张开时喷雾最好。喷药的总原则是“治花不治荚”，即重点对藤蔓的花、蕾施药。

七、采收

早熟豇豆一般播种后 70～80 天，定植后 40～50 天，花后 10～12 天即达到始收期。可陆续采收，具体的采收标准为豆荚饱满，显现品种固有的色泽，子粒未显露。若采收过早，则产量低；若采收太迟，则豆荚容易老化，且豇豆落花落荚严重，采收更应及时。开始采收时，一般每 5 天采收一次，盛收期则每 1～2 天采收一次。

任务 9　菜豆大棚春提早生产

菜豆喜温暖，不耐霜冻，在高温干旱季节也能正常生长，秋菜豆是四川地区 8～9 月蔬菜淡季主要的蔬菜品种，经济效益较高。

一、确定播种期

种子发芽的适宜温度为 20～30℃，低于 10℃或高于 40℃不能发芽，幼苗短期处于 2～3℃的低温开始失绿，幼苗生长适温为 18～20℃，13℃以下停止生长。气温低于 15℃或高于 30℃，易出现不完全开花现象，35℃以上的高温花粉发芽力显著降低，容易落花落果，当地温为 25℃～28℃时，根瘤菌生长良好。四川地区大棚春提早生产一般在 3 月上中旬播种最好，如果播种太早，温度太低，将影响种子发芽。

二、准备材料

（一）种子

1. 品种

大棚春提早生产要求早熟、高产、植株紧凑、叶片较小，豆荚性状满足消费者的需要。相对而言，矮生菜豆比蔓生菜豆更合适大棚栽培。四川地区的常用品种是蔓生种，主要有白花青荚、白花四季豆、红花青夹、无筋四季豆，矮生菜豆品种主要有供给者、优胜者、矮早 18 等。

2. 播种量

以每 667 m^2 栽培 9000 株计，菜豆种子的千粒重为 180 g，蔓生种每 667 m^2 用种量 2.5～3 kg，矮生种每 667 m^2 用种量 3.5～5 kg。

（二）育苗用地

采用 8 cm×8 cm 的营养钵育苗，每钵播种 3～4 粒种子，需 4000 个左右营养钵，每个营养钵的占地面积为 $3.14\times0.04\times0.04=0.005$ m^2，需要育苗用地面积为 $4000\times0.005=20$ m^2。

（三）农资

8 cm×8 cm 的营养钵，一个营养钵装基质 200 mL，需育苗基质 200 mL×

4000 个钵=0.8 m^3。菜豆对磷钾肥的需求量较大，特别是开花结荚期，增施磷钾肥能促进开花结荚并促进豆荚的发育，在苗期及开花前，植株对氮肥的需求量较大，适当补充氮肥能促进菜豆植株的营养生长，防止植株早衰。准备尿素 10 kg，复合肥 50 kg，有机肥 3000 kg，常规杀菌剂和杀虫剂，小拱棚用的竹竿和塑料，银黑双面薄膜 20 kg，白色地膜 10 kg，过磷酸钙 40 kg，钾肥 20 kg。

三、播种育苗

为了提早上市，春季早熟栽培的菜豆一般采用育苗移栽，四川地区菜豆春早熟栽培播种期一般在 2 月下旬至 3 月上旬，播种前精选粒大饱满、无病虫、无破损的种子，并选晴朗天气晒种 1~2 天。播种前可将种子在 80℃的水中迅速烫一下，随即加入冷水降温至 30℃左右，加入 0.2%磷酸二氢钾浸种 4~6 h，营养钵中装入 80%的基质，浇透水，干湿适宜，不可过湿，否则容易烂种。播种时将种子播于营养钵内，每钵播 3~4 粒种子，播种后覆盖基质 1.5~2 cm，稍加镇压后覆盖地膜保温保湿。

播种后，如果棚温能保持在 20~25℃，则 3~4 天即可出苗，通常苗床温度达不到这一水平，所以种子播种后需要 5~7 天方能出土。约有 30%的种子出苗后，应揭去覆盖的薄膜，待子叶充分展开后，适当降低温度，白天保持在 15~20℃，夜间保持在 10~15℃，以防徒长。苗期一般不浇水。定植前 4~5 天，通风、降温、炼苗。

壮苗标准是胚轴粗壮，子叶和基生真叶完整、叶色浓绿，叶肉肥厚，苗龄 10~15 天。有时在出苗后，发现部分幼苗子叶生长不正常或小苗生长缓慢，这主要是由于这些种子本身发育不良，活力较低，所以在播种前应严格挑选种子。

四、定植

（一）定植前的准备工作

定植前 10~15 天扣棚盖膜。定植前 1 周，每个标准大棚沟施或全层施充分腐熟的堆肥或厩肥 500~700 kg、草木灰 30~50 kg、过磷酸钙 8~10 kg、复合肥 8~10 kg。对酸性或缺钙土壤，播种前应施适量生石灰改良。定植前 3~4 天，精细整地，实行深沟高畦，畦面筑成龟背形，畦宽（连沟）1.3~1.5 m。作畦后即覆盖地膜。

（二）定植过程

四川地区大棚栽培菜豆适宜的定植时间为 3 月上中旬，苗龄 15~20 天即可定植。菜豆根系再生能力弱，要选子叶展开、真叶刚出现时的幼苗，在晴天定植；起苗前营养钵浇透水，定植时剔除秧脚发红的病苗和失去第一对真叶的幼苗；定植时地膜破口要小，定植后应及时浇水，并用泥土将定植口封住，以利于成活。

定植密度根据品种特性确定。矮生菜豆每畦种 3 行，穴距 30 cm 左右，每穴种 2～3 株，每 667 m^2 栽 2000 穴左右。蔓生菜豆每畦种 2 行，穴距 20～30 cm，每穴种 3 株，每 667 m^2 栽 3000 穴左右。

五、田间管理

（一）温、湿度管理

定植后成活前，应保持较高棚温，白天保持在 25～30℃，夜间保持在 15℃以上，密闭不通风，以提高地温，促进还苗。如果遇强冷空气来临，则可搭建小拱棚，夜间还需要覆盖草片、遮阳网等保温。还苗以后，棚温白天保持在 22～25℃，夜间不低于 15℃。若棚温高于 30℃，则通风降温。

（二）补苗

定植后要及时检查，对缺苗或基生叶受损伤的幼苗应及时补苗。补苗后要及时浇透水，以保证这些苗能与其他正常苗同步生长。

（三）水肥管理

菜豆追肥的原则是“花前少施，花后多施，结荚期重施”，浇水的原则是前期浇夹不浇花，以后保持土壤湿润。当第一花絮嫩荚长到 3～4 cm 时，结合浇水，每 667 m^2 追施尿素 8 kg，硫酸钾 2 kg。进入开花结荚盛期，每 667 m^2 追施尿素 4 kg，硫酸钾4 kg，同时用 0.2%磷酸二氢钾、硼酸或钼酸铵叶片喷施，可延长采收期，增加产量。叶面喷洒磷、钾肥也能促进植株增产。

（四）及时搭架

蔓生菜豆需要搭架，一般应在植株开始“甩蔓”时搭架引蔓，一般用 2～2.5 m 长的竹竿搭人字架，每穴插一根，在距植株基部 10～15 cm 处将竹竿插入土中 15～20 cm，中上部 4/5 的交叉处放一竹竿，用绳子扎紧作横梁。搭架后按逆时针方向引蔓 2～3 次，使植株蔓沿支架生长，以后让其自然生长。

六、病虫害防治

菜豆常见病有锈病（防治方法见豇豆）、茎枯病、菜豆细菌性疫病、根腐病、炭疽病等。

（一）茎枯病

主要危害叶柄、茎蔓和近地面的茎基部，病害发生后，茎秆局部变成褐色，晴天干枯，病茎上端枝叶凋萎枯死。用咪鲜胺、多抗霉素、中生菌素、溴菌腈喷施，每隔 10 天 1 次，连续防治 2～3 次。

（二）菜豆细菌性疫病

又名火烧病、叶烧病，最初产生水渍状暗绿色斑点，以后扩展成不规则的红褐色或褐色病斑，湿度大时常分泌出黄色菌脓，严重时叶片干枯似火烧，发病初期可用新植霉素、农用硫酸链霉素、铜制剂等进行喷施和灌根，每隔 5～7 天一次，连续防治 2～3 次。

（三）根腐病

土传病害，高温高湿易发病，染病后主根产生褐色病斑，后变深褐色，并深入皮层，主根腐朽，最后全株枯死，发病初期可用甲基硫菌灵、甲基立枯灵、托布津、抗枯宁等灌根，每株浇药液 250 g，每隔 7～10 天 1 次，浇 4～5 次。

（四）炭疽病

叶、茎、种子、嫩荚都会浸染，病部出现淡褐色凹型病斑，潮湿时病斑边缘有粉色晕圈，发病初期可用多抗霉素、中生菌素、多宁、噻菌铜、吡萘·嘧菌酯（绿妃）等喷雾，每隔 5～7 天一次，连续防治 2～3 次。

七、采收

菜豆在定植后 30～40 天即达到始收期。一般来说，菜豆在开花后 20 天左右即达到商品成熟期，可陆续采收，具体的采收标准为豆荚由细短变为粗长，显现品种固有的色泽，尚未“鼓豆”。四川地区大棚早熟栽培一般在 4 月下旬采收，矮生种可连续采收 15～20 天，蔓生种可连续采收 30～45 天。

知识拓展

蔬菜采收与商品化处理

一、蔬菜采收

（一）采收标准

蔬菜的采收标准主要依据蔬菜产品的成熟度。成熟有不同的含义。

食用上的成熟，即产品器官生长到适于食用的程度，具有该品种的形状、色泽、大小和品质。比如黄瓜、丝瓜、菜豆和豇豆等，是以幼嫩的果实供食用，应在种子刚刚显露而尚未膨大硬化之前采收。

生物学上的成熟。蔬菜菜类品种多，生物学特性各不相同。如西瓜采收时，种子成熟采收。但在实际生产中，为了提早上市，提高经济收入，一些蔬菜在食用成熟前即可采收。如洋芋、生姜等，虽然单产极低，但效益可观，还可节省采收上市过程中的劳力和费用，这就需要视市场状况而采收。判断蔬菜的成熟度一般参照下列方法：一是色泽，这是一个重要标志，要具有该品种特有的色泽。二是坚实度，不能过熟过软，以便储运。有些蔬菜，如莴笋、芥菜应在叶变硬之前采收；再如番茄，为减少运输过程中的机械损伤和腐烂，一般在绿熟期或顶红期采收；有些蔬菜如菜豆应在幼嫩时采收，硬度不能过高。三是糖和淀粉含量，以幼嫩组织供食用的菜豆、豌豆和豆薯等，在成熟过程中，糖分逐渐转化为淀粉，应在糖多淀粉少时采收；而洋芋、芋头则要在淀粉含量多时采收。四是植株及产品器官的生长情况。比如洋葱的假茎部变软开始倒伏，鳞茎外皮干燥；冬瓜果皮上出现蜡质白粉；莴笋的茎顶与最高叶片尖端相平；萝卜的肉质根充分膨大；等等。

判断蔬菜成熟的常用标准如下：

（1）色泽。蔬菜如番茄、甜椒等成熟时，大多首先表现出表皮色泽的变化，绿色消退的同时显露出蔬菜固有的颜色。

（2）质地和硬度。一般未熟果蔬质地坚实，硬度大，达到一定成熟度后即变得松软多汁，如甘蓝叶球、花椰菜花球都应在致密硬实时采收才能保证品质好、耐储性强。茄子、黄瓜、豌豆、四季豆、甜玉米等应在幼嫩时采收，质地变硬就意味着组织粗老，鲜食和加工品质低。

（3）大小。以产品器官的高度、直径等作为适于采收的主要指标。

（4）生长状态。如洋葱以假茎部变软开始倒伏、鳞茎外皮干燥，芋头以须根枯萎，莴苣以生长点不超过叶丛，不结球白菜以薹高不超过莲座叶的先端等为采收适期。

总之，采收的成熟度标准在实践中应根据蔬菜种类和品种的特性、生长状况、气候条件、栽培条件以及市场供求状况来综合考虑。同时，还要特别注意应在使用农药后一定的安全间隔期后采收，防止产品污染。

（二）采收方法及技术

蔬菜种类繁多，食用器官（根、茎、叶、花、果实和种子）各不相同，采收方法和技术也比较复杂。若采收方法不当，会引起蔬菜产品的损伤和腐烂，同时，特别是对供鲜食的多次采收的蔬菜，不正确的采收也会给植株带来许多不良影响。如引起植株各部位生理失调，生长不平衡，或采收伤口感染病菌，使植株发病等。因此，必须采取正确的采收方法和技术。

1. 叶类菜、花菜的采收

除菠菜外，一般均需要多次采收。甘蓝与大白菜等结球蔬菜在采收时，用刀将叶球从茎盘上割下来，叶球外面留 2～3 片叶保护叶球。芹菜收获时一般自根部切下，去掉黄叶和根，让其叶柄在基部连在一起而不分散。花椰菜和青花菜在收获时，用刀将花球割下，花椰菜花球周围的叶应剪短些；青花菜花球的茎应带长些，并带有 2～3 片小叶。多年生的韭菜，收割时叶鞘基部要留 5 cm 左右，不能割得过低，否则会伤害叶鞘的分生组织和幼芽，影响后期产量。

2. 根菜、茎菜和果菜的采收

萝卜、胡萝卜在采收时，先将土弄松，然后拔出，有些萝卜可以带些叶出售，但大部分将叶去掉。地下块茎类菜大多用锄挖刨，应避免损伤。洋芋采收后应摊晾 1～3 h，使块茎表面水分散失，有利于伤口愈合。洋葱、大蒜采收时多是连根拔起，并晾晒 3～4 天，使外皮干燥，伤口愈合。果菜类如菜豆、黄瓜和番茄等要用手摘，轻拿轻放，避免损伤。菜豆摘荚应留荚的基部 1 cm 左右，免伤花序。

二、商品化处理

商品化处理技术主要包括蔬菜产品的整理、预冷、分级包装等，可保持或改进品质，提高商品价值，减少浪费，增加效益，提高市场竞争力。

（一）整理

应剔除残叶、败叶、泥土及有机械伤、病虫危害、外观畸形等不符合商品要求的产品。

（二）清洗消毒

采用浸泡、冲洗、喷淋等方式水洗或用干毛刷等清除果蔬表面污物，减少病菌和农药残留，使之清洁，达到商品要求和卫生标准，提高商品价值。洗涤水要干净卫生。

（三）预冷

在蔬菜采收之后，运输或储藏之前，将其带有的大量田间热尽快除去，使产品的体温冷却至较为有利于储藏、运输的温度。预冷的目的是有助于减少产品腐烂，最大限度地保持产品的新鲜度和品质。国际上通常采用的预冷方法有自然对流冷却、强制冷风预冷、真空预冷、水预冷和接触冰预冷等。自然对流冷却：阴凉通风处自然散热，操作简单易行，成本低廉，适用于大多数果蔬，但冷却速度较慢，效果较差；强制冷风预冷：利用冷风机强制冷空气在果蔬包装箱之间循环流动，从而使产品温度快速降下来，冷却速度稍快，但需要增加机械设备，果蔬水分蒸发量较大；真空预冷：将果蔬放在真空室内，迅速抽出室内气体至一定真空度，利用果蔬中的水在减压条件下的快速蒸发带走果蔬组织中的热量，使产品迅速降温，冷却速度快，效率高，不受包装限制，但需要设备，成本高，局限于适用的品种，一般以经济价值较高的产品为宜；水预冷：以冷水为介质的一种冷却方式，将果蔬浸在冷水中或者用冷水冲淋（0～1℃），达到降温的目的，操作简单，成本较低，适用于表面积小的产品，但病菌容易通过水进行传播；接触冰预冷：利用碎冰放在包装的里面或外面，使产品降温，冷却速度较快，但需冷库采冰或制冰机制冰，碎冰易使产品表面产生伤害，耐水性差的产品不宜使用。

（四）分级

上市前，蔬菜产品一般在产地进行分级。主要是根据产品的品质、色泽、大小、成熟度、清洁度和损伤程度来进行分级。目前，蔬菜的分级全国尚未有统一的标准，都是根据不同的消费习惯和市场需要来决定。

（五）包装

蔬菜作为商品，应该有一定的包装，这是蔬菜商品化处理的重要一环，对保证蔬菜商品的质量有重要的作用。随着蔬菜商品生产发展和流通日趋商品化，对包装的要求也越来越迫切。合理的包装可以减轻储运过程中的机械损伤，减少病害蔓延和水分蒸发，保证商品质量。包装一般分两大类：一类是运输包装；另一类是商品包装。目前，我国的运输包装种类很多，主要有板条箱、竹筐、塑料箱、纸箱、麻袋、草袋和尼龙网袋等。蔬菜的商品包装一般在产地和批发市场进行，也有些在零售商店进行。包装材料主要是塑料薄膜。实行商品包装既可防止水分蒸发，保持蔬菜鲜嫩，又可美化外观，提高商品质量，便于消费者携带。蔬菜商品包装一般应遵循以下几点：一是蔬菜质量好，重量准确；二是尽可能使顾客能看清包装内部蔬菜的情况；三是避免使用有色包装来混淆蔬菜本身的色泽；四是对一些稀有蔬菜应附有其营养价值和食用方法的说明。塑料薄膜包装一般透气性差，应打一些小孔，使内外气体进行交换，以减少蔬菜腐烂。

（六）蔬菜的运输

运输是蔬菜产销过程中的重要环节。在发达国家，蔬菜的流通早已实现了“冷链”流通系统，新鲜蔬菜一直保持在低温状态下运输。我国的蔬菜运输条件还相当落后，低温运输量还相当小，大部分蔬菜是用普通卡车和货车运输。

汽车运输方便灵活，可做到门对门服务，减少装卸次数，减少流通环节，加快流通速度。公路运输应注意以下几点：

(1) 用于长距离运输蔬菜的车辆，应以大型卡车为主，车况良好。车厢应为高帮，有顶篷，装车时不能用绳子勒捆、挤压，减少运输过程中蔬菜的机械损伤。

(2) 一般来讲，常温下运输蔬菜应在 1000 km 以内，24 h 内到达销售网点为好。各种蔬菜耐储运的特性不同，装车运输数量、运输距离及时间各不相同。

(3) 装车时要注意包装箱、筐、袋之间的空隙，一般不能散装。车前和车的两边应留有通风口，不能盖得太严。汽车运输主要应抓住一个快字，坚持快装快运，到达销售网点后，及时卸菜整理销售。

目前，我国铁路运输蔬菜限于冷藏车辆不足，多数采用“土保温”的方法，也就是使用普通高帮车加冰降温，加棉被或草苫（帘）保温的方法装运蔬菜。此外，也还有部分蔬菜是采用加冰保温车和机械保温车运输的。

项目四　蔬菜秋延后生产

秋季设施栽培的主要蔬菜是茄果类、瓜类、豆类等喜温作物。茄果类包括番茄、辣椒、茄子等，其中辣椒秋季设施栽培的面积较大，茄子、番茄的栽培面积较小。栽培的瓜果主要是黄瓜，栽培的豆类主要是菜豆、豇豆。秋冬季的气候特点是前期高温多雨，后期低温寡照。因此，秋延后生产的蔬菜品种必须选用耐高温、抗病性强且较耐寒的。

蔬菜秋延后生产是在夏季高温季节采用遮阳网降温，在低温霜冻来临之前，采用塑料薄膜或其他材料进行覆盖，使蔬菜免受高温和冻害，以达到延长蔬菜生育期和产品上市期、提高产量和产值、实行蔬菜产品均衡供应的目的。蔬菜秋延后生产发展很快，已经成为调节秋冬季蔬菜市场供应的重要手段。

任务 1　番茄秋延后生产

秋番茄生育前期高温多雨，病毒病等病害较重，生育后期温度逐渐下降，又需要防寒保温，防止冻害。秋番茄生产的主要技术措施是选择适宜的品种，掌握适宜的播种期，前期采取降温措施，后期采取保温措施。

一、确定播种期

番茄是喜温蔬菜，生育适温为 13～28℃，低限 10℃，高限 35℃。同化作用的最适温度为 20～25℃。当温度达到 30℃以上时，呼吸消耗大于同化积累；35℃以上影响花器的生长和发育；40℃以上停止生长。

秋番茄的播种期必须根据番茄生长发育对气候条件的要求，因此应考虑以下两个因素：一是开花结果期处于最佳的气候条件下，即日温 25℃左右，夜温 15℃左右；二是要在初霜到来之前有较长的收获期。秋番茄播种到第一花序坐果初期需 45 天左右，全生育期 120 天左右。例如，四川地区初霜期为 12 月 3 日左右，适宜番茄开花结果的时期为 8 月下旬至 10 月中旬，因此确定 6

月下旬至7月上旬左右的播种期比较适宜，9月下旬到10月上中旬开始收获，至11月中下旬收获结束。由于秋延后大棚番茄品质好，上市期正处于茄果类蔬菜的淡季，市场销售前景好，经济效益高。

二、播种育苗

（一）选择品种

番茄秋延后生产宜选耐热、抗病、丰产的早中熟品种，秋番茄生育期短，一般选用有限生长型的大红果。如红满天下、金元宝、金红36、爱玛等，都是适应四川市场需求的优良品种。

（二）浸种催芽

种子先用55℃的温度浸泡15～20 min，然后自然冷却，在30℃左右的温度下浸泡8～10 h后，在28～30℃温度下进行催芽至露白后播种。秋延后生产育苗时期温度高，光照强，基质很容易干，需经常浇水，不利于育苗与幼苗生长。因此，采用漂浮育苗可以降低秋延后生产夏季育苗的难度。

（三）播种

将基质按一定比例混匀（也可直接购置育苗基质），用多菌灵或百菌清消毒后，装盘，浇透水，穴盘每孔播种1～2粒，播种后用已消毒的基质盖种，将穴盘放入搭好的漂浮池中，水深以浸没穴盘底部1 cm左右为宜，穴盘盖上遮阳网膜保湿降温，喷足播种水。当种子有50%出苗后，将遮阳网地面覆盖改为小拱棚覆盖，番茄生长要求光照较强，阴雨天、夜间可揭去遮阳网膜，中午光照强及暴雨时盖上遮阳网膜，以利于幼苗生长。

（四）苗期管理

1. 间苗

当出苗达到80%以上时揭去无纺布，查苗、补苗、间苗。当80%的苗有2～3片真叶时，7月中下旬定苗，进行间苗、补苗，间除大、小苗，保留中等苗，每穴留苗1株，缺苗处用多余的苗补上。间苗、补苗3天后揭去遮阳网。保证壮苗，番茄壮苗的标准一般为5～6片真叶，苗龄45～55天，茎粗0.7 cm、高20 cm左右，叶色深绿，根多而粗壮，无病虫害。

2. 温度及水分管理

番茄植株的根系具有较强的吸水能力，夏秋季节育苗的重点是遮强光降温，晴天要注意防止高温烧苗，中午若遇高温暴晒，要用遮阳网遮阴。当棚内温度高于38℃时，小棚采取两头通风，大棚需要开启门窗通风降温，并保持四周通风良好。当水位下降时，注意及时补充清洁水，以保持2～5 cm深的水位不变，出苗后土壤水分应以65%～75%为宜。

3. 补充肥料

当2片子叶平展时，育苗池中要加入肥料或营养液，以供秧苗生长需要。每个苗床可加入全水溶性肥料或直接加入复合肥。先将肥料用清洁水溶解，然后均匀倒入苗池中，并搅拌均匀，注意不能浇在苗盘上。

4. 炼苗

移栽前炼苗与防病：移栽前4～7天，根据苗情，每天晚上可将苗盘从苗池中取出，放在苗床边，翌日早晨又将苗盘放入苗池中，使秧苗适应露地环境。移栽前3天，从苗床中取出育苗盘，大棚两侧昼夜大通风，移栽前可对秧苗喷施较低浓度的多菌灵或百菌清溶液，以预防病害。

5. 化学调控

当发现番茄苗徒长时，在两叶一心时可喷50%矮壮素10～100 mg/kg，或多效唑100 mg/kg。

6. 苗期病虫害防治

苗期常见病害为猝倒病和立枯病，可用1000倍液的代森铵、托布津、多菌灵等防治。

三、定植

（一）定植前的准备工作

移栽前半个月进行平整地，此时每667 m^2入腐熟的有机肥3000 kg，农家肥要翻挖深埋。厢面宽度1.5 m（含沟），一般8 m宽的棚做5个厢，要求深沟高厢，厢高度30 cm左右，做厢后每667 m^2用复合肥60 kg，过磷酸钙40 kg，尿素20 kg，硼砂1 kg，撒在厢面上，混合均匀后，覆盖黑色地膜或银黑双面地膜保湿除草，覆盖银黑双面地膜可减少蚜虫的危害。

（一）定植过程

秋番茄苗龄一般为30～40天，四川于7月下旬至8月上旬定植，株距40～45 cm，选晴天下午或阴天定植。定植前，先炼苗，漂浮育苗，应提前一周左右将苗从育苗池取出，如是穴盘育苗，应提前4～5天减少遮阳网的覆盖时间。漂浮苗做到带基质移栽，栽后及时浇定根水，并采用大、中、小、平棚覆盖遮阳网遮阴保湿，以利于幼苗成活。

四、田间管理

（一）温、湿度管理

漂浮苗定植后迅速生长，夏秋季要揭开大棚两头及侧膜，夜间不落膜，

8～9 月白天盖遮阳网，棚温尽量不高于 32℃，夜间揭去遮阳网，夜温尽量不高于 20℃，降雨时要防雨水淋入棚内。10 月上旬，如没有棚膜的要盖棚膜，当夜间外界气温达 12～15℃时，要把四周薄膜盖严。早晨、中午加大通风量排湿防病。10 月中下旬，使棚内温度白天保持在 24～28℃，夜间不低于 10℃。进入 11 月后，外界气温较低，除晴天中午可短时间通风外，一般均密闭大棚。

（二）水肥管理

番茄土壤中的水分含量是 60%～85%，天气晴朗干燥、雨水少、空气相对湿度为 45%～50%时番茄生长最好，番茄生长期长，需要吸收大量有机养分和各种无机营养元素，才能获得高产优质的果实，生产 5000 kg 果实需从土壤中吸收氮 17 kg、磷 5 kg、钾 26 kg。此外，缺少微量元素会引起生理病害。

图 4－1　番茄秋延后生产

下雨天要注意排水。要求清理大棚四周边沟及棚内中沟，能够及时排出积水。采用膜下滴灌的水肥一体化管理技术，番茄生产初期需水较少，但到结果期需水较多，此时应每天滴水一次，保持土壤湿润。番茄旺长初期要加大用肥，每 600 m^2 用复合肥 20 kg，钾肥 15 kg，溶于水中，滴于植株根部 15 cm 处。结果期每隔 10～15 天滴灌一次肥料，每 600 m^2 用复合肥 3～4 kg。适当进行根外追肥，肥料可用 0.2%～0.3%磷酸二氢钾间隔喷施。为防止早衰，可追施少量尿素，10 月中旬停止浇水施肥。图 4－1 为番茄秋延后生产。

（三）疏花疏果

在每台花坐稳果后，及时将畸形果、畸形花及长势差的小果去掉，每台留 3～5 个果实，保证果实的商品性。

（四）搭架吊蔓

在植株生长高达 30 cm 左右时整枝，一般采用单干整枝，即留主茎，其余侧枝全部摘除，每株离番茄根部 6～7 cm 处插一根竹竿，在 6 片叶子处用绳子将茎竿与竹竿绑成“∞”形。生长期应经常打去从其他叶腋抽出的侧枝，后期打去植株下部老黄叶，以利于通风透光。大棚栽培一般留 6 台果，当第 6 台果坐果成功后可以封顶。当第一台果子成熟时可以打除其果下叶片，每成熟一台果就及时打除其下部病残叶、侧枝侧芽，以利于通风透光，减少植株养分消耗，提高产量。

（五）病虫害防治

见番茄大棚春提早生产。

五、采收

秋番茄一般在 10 月上旬开始采收，以果实 1/3 转为红色时即可采收，当外界气温降低到 6℃，棚内温度降低到 10℃左右时，大棚内番茄尽量采收完。四川地区采收结束时间一般在 11 月上中旬至 12 月上旬。

任务 2　辣椒秋延后生产

普通辣椒多采用春茬生产，采收期集中，且盛产期高温多雨，直接影响辣椒产量、品质以及经济效益。利用大棚等设施进行辣椒的秋延后生产，其产品主要是供应元旦市场，可获得较好的经济效益。

一、确定播种期

适期播种是辣椒秋延后生产的关键。播种过早，易造成病毒病发生严重，产量低；播种太迟，开花结果晚，结果少，而且后期温度低，不利于果实膨大。当温度高于 30℃时，辣椒花器发育不全而落花，果实发育和转色适宜的温度为 20～30℃，开花结果期，温度低于 10℃，则难以授粉受精，引起落花落果。秋辣椒的播种期必须根据辣椒生长发育对气候条件的要求，因此应考虑以下两个因素：一是开花结果期处于最佳的气候条件下，即日温 25℃左右，夜温 15℃左右；二是要在温度低于 10℃之前有较长的收获期。适宜辣椒开花结果的时期为 8 月下旬至 10 月中旬，秋播辣椒的一般苗龄为 25～30 天，辣椒从开花到采收第一次果实需 20 天左右，因此确定 7 月上中旬左右的播种期比较适宜，9 月上中旬开始收获，至 12 月中下旬直到元旦收获结束。

二、播种育苗

（一）品种选择

秋延后生产的辣椒需选用既耐高温又耐低温、抗病性强、生长势强、分枝性好、结果集中、高产稳产的品种，如二金条、香辣王、川优 2 号、川优 8 号、香辣 1 号、蜀香 1 号、湘研 3 号、湘研 16 号、湘研 19 号等。

（二）种子处理

播种前先将种子用 10%磷酸三钠水溶液浸泡 20 min，取出后用清水冲洗干净，再放入55～60℃的恒温水中浸泡，并不断搅拌，待15 min后自然冷却，使水温降至30℃，然后静置浸泡8～10 h，用清水冲洗两遍，捞出沥去多余的水分，并立即播种。

（三）播种

因播种正值高温期，要选清晨或傍晚播种。播种前将穴盘或营养块浇透水，每孔点播两粒种子，然后覆细土。覆土不能过厚，否则造成幼苗消耗营养过多，以刚好掩盖种子为宜。

（四）苗期管理

1. 遮阴防雨

播种后，苗床上面要立即覆盖塑料薄膜，并在塑料薄膜上覆盖遮阳网保湿、防晒，一般1个星期出苗后撤去，架小拱棚，晴天上午9时至下午4时盖遮阳网遮阴降温，早晚揭掉遮阳网让幼苗见光，利于幼苗生长。遇雨时，要及时加盖塑料薄膜挡雨，严防雨淋，雨后及时撤去薄膜。

2. 控制肥水

秋延后辣椒苗期短，一般不追肥，如发现苗期缺肥，可结合浇水追施少量氮肥或喷施叶面肥。浇水要视苗情而定，浇小水或洒水，保持土壤湿润，切忌大水漫灌。

3. 苗期病虫害防治

用64%杀毒矾可湿性粉剂500倍液喷洒防治苗期猝倒病和立枯病，用白糖、白醋、白酒、敌百虫晶体制成毒饵，按每667 m^2 2.5～5 kg的用量，于傍晚撒在苗床及四周，防治地老虎等地下害虫。

三、定植

（一）定植前的准备工作

结合整地每667 m^2 施入优质腐熟人畜粪肥3000～5000 kg，复合肥30 kg，施肥要均匀。如果有机肥缺乏，老菜地每667 m^2 施入50 kg优质复合肥、100 kg腐熟菜枯和100 kg过磷酸钙；新菜地每667 m^2 施入75 kg优质复合肥、150 kg腐熟菜枯和100 kg过磷酸钙。施肥后深翻土壤，耙平后整成宽1.2 m的厢面，两厢中间留走道。同时在棚上加盖棚膜，以防止雨水直接滴淋在辣椒苗和土壤上。

（二）定植过程

当幼苗长到15～20 cm（不需分苗），苗龄30天左右，幼苗有5～6片叶，便可定植，一般在8月上旬至8月下旬进行。

定植宜选阴天或晴天下午进行，穴盘要上午提前浇水，定植时避免伤根。秋季种植由于前期高温不利于坐果，后期温度低辣椒不易膨大，最佳坐果时间短，因此秋延后生产密度要大于春季种植。一般每厢定植 2 行，株距 30～35 cm。每 667 m^2 定植 4000 株左右。

四、田间管理

（一）温、湿度管理

幼苗定植后的一段时间，棚内气温偏高，要通风降温，并加盖遮阳网，但早晚要注意揭掉遮阳网。棚内温度白天控制在 35℃以下，夜间 25～28℃。这期间若天气有雨，要盖严棚膜防雨。9 月下旬天气转凉，夜间应盖严棚膜，并去掉遮阳网。11 月中旬以后，当夜温降到 10℃以下时，夜间应盖严棚膜，并加盖棚内小拱棚膜，使夜间小拱棚温度不低于 15℃，以利于开花授粉坐果和植株生长。12 月上旬以后，天气逐渐寒冷，要注意防冻，白天通风时间逐渐变短，通风量逐渐变小。遇雪后，天气寒冷，只在中午通小风。12 月中旬以后进入严寒冬季，注意闭棚保温。对棚内小拱棚上的薄膜和遮阳网，要晚揭早盖，以利于保温。必要时夜间再在小拱棚和棚膜中间加盖一层薄膜保温，使小拱棚内温度白天控制在 20℃以上，夜间 8℃以上。

（二）水肥管理

辣椒对氮、磷、钾三要素肥料均有较高的要求。幼苗期需适当的磷、钾肥，以满足根系生长的需要。花芽分化期适当多用磷钾肥，可使花芽分化提前，花朵数量增加，花朵质量提高。辣椒不能偏施氮肥，尤其在初花期，若氮肥过多，植株徒长，落花落果严重。此外，增施氮肥辣味降低。

定植后浇足底水，缓苗期不用浇水，以后及时进行中耕。缓苗后出现缺水现象，需进行小水沟浇。结合浇水每 667 m^2 追施稀粪水 1000 kg 作提苗肥。门椒座住后，适当浇水，经常保持土壤湿润。以后随着通风量减少，土壤水分散失速度慢，浇水间隔适当延长，但仍须保持土壤湿润为宜。初果期和盛果期可各追肥一次，用复合肥 10～15 kg。

（三）植株调整

摘除门椒以下的全部腋芽，生长势弱时，第 1～2 层花蕾及时摘除，促进植株的营养生长。10 月下旬至 11 月上旬植株上部顶心与空枝全部摘除，以减少养分消耗，促进果实膨大。为促进坐果，在开花期喷施 35～40 mg/m^2 的防落素，以保花保果、提高坐果率。

（四）病虫害防治

见辣椒大棚春提早生产。

五、采收

秋延后辣椒结果集中，无须整枝，一般到 11 月中旬基本长成。以后温度降低，生长缓慢，为使长成的辣椒留在植株上保鲜，每天可揭盖小拱棚上的薄膜，使之见光增温，延迟到元旦、春节时采收。可分批上市或一次收获供应节日市场。

六、老株再生栽培

立春前，温度降低，辣椒不能正常开花结果，可利用残桩进行越冬再生栽培。其方法是：晴天下午将植株第二分枝留 5 cm 左右短截，一根植株留 4 条短枝，清洁田园，立春后及时中耕松土，追施速效肥料，立春后，温度回升即可发出新枝，每株留 4～5 个长成再生果的果枝，立春 50 天左右即可采收。

任务 3　茄子秋延后生产

茄子秋延后生产，其产品主要供应秋冬淡季市场。种植秋延后茄子，市场价格好，效益较高，管理较容易。

一、确定播种期

茄子是喜温耐热作物，其生长发育期间的适宜温度为 25℃左右。当温度低于 20℃时，茄子植株生长缓慢，授粉受精和果实生长都会受到影响；当温度高于 35℃时，茄子花器发育不良，尤其在夜间，呼吸消耗大，果实生长缓慢，容易产生僵果或落果。苗期适宜温度为白天 25℃，夜间 15～18℃，开花结果期的适宜温度为白天 25～30℃，夜间 20℃左右。

秋季茄子的播种期应使其开花期避开恶劣的高温炎热季节，使之在 8 月下旬至 10 月温度适宜的季节开花结果。在生产上，可利用茄子幼苗抗逆性相对较强的特点，并通过覆盖遮阳网辅助降温，一般在 6 月中旬播种。如果 7 月 10 日以后播种，虽然可以正常开花结果，但由于后期遇到寒潮，会影响茄子的生长，造成减产；如果提早播种，开花盛期正逢高温季节，将影响秋冬茄的产量。

二、播种育苗

（一）品种选择

秋延后生产的茄子品种与春早熟生产的品种不同，它要求品种抗热、耐湿、抗病，同时又要具有一定的耐寒性，如竹丝茄、墨茄。

（二）浸种催芽

精选种子并适当晒种。用 55℃温水浸泡 15 min，待水温降至室温后再浸泡 10 h 左右。也可用 50%多菌灵 1000 倍液浸种 20 min，或 0.2%高锰酸钾浸种 10 min，将种子用湿纱布包好，放于 28～30℃的条件下催芽，5～6 天后 2/3 的种子露白时即可播种。

（三）播种

6 月中旬进行播种，在大棚内采用漂浮育苗，把种子均匀播种于穴盘内，每孔播 1～2 颗种子，播后覆盖 0.5 cm 细土，覆土后盖上一层遮阳网，保湿降温，以利于出苗。

（四）苗期管理

1. 间苗

当出苗达到 80%以上时揭去遮阳网，查苗、补苗、间苗。当 80%的苗有 2～3 片真叶时，7 月中下旬定苗，进行间苗、补苗，间除大、小苗，保留中等苗，每穴留苗 1 株，缺苗处用多余的苗补上。间苗补苗 3 天后揭去遮阳网。

2. 温度及水分管理

夏秋季节育苗的重点是遮强光降温，晴天要注意防止高温烧苗，中午若遇高温暴晒，要用遮阳网遮阴，当棚内温度高于 38℃时，大棚需要开启门窗通风降温，并保持四周通风良好。漂浮育苗时，当水位下降时，注意及时补充清洁水，以保持 2～5 cm深的水位不变。

3. 补充肥料

当 2 片子叶平展时，育苗池中要加入肥料或营养液，以供秧苗生长需要。每个苗床可加入全水溶性肥料或直接加入复合肥。先将肥料用清洁水溶解，然后均匀倒入苗池中，并搅拌均匀，注意不能浇在苗盘上。

4. 炼苗

移栽前 4～7 天，根据苗情，每天晚上可将苗盘从苗池中取出，放在苗床边，翌日早晨又将苗盘放入苗池中，使秧苗适应露地环境。移栽前 3 天，从苗床中取出育苗盘，大棚两侧昼夜大通风，移栽前可对秧苗喷施较低浓度的多菌灵或百菌清溶液，以预防病害。

5. 苗期病虫害防治

苗期常见病害为猝倒病和立枯病，可用1000倍液的代森铵、托布津、多菌灵等防治。

三、定植

秋冬茄子生长期长，要施足基肥，一般每个标准大棚施腐熟厩肥1000 kg，复合肥20 kg，于定植前10天左右施入。整地时每个标准大棚做成四厢，铺上黑色或银灰色地膜。一般苗龄40天左右，于7月中旬幼苗具5～7片真叶时，抢阴雨天或晴天傍晚定植，每667 m^2 定植2800株左右，行距60 cm，株距40～50 cm，浇足定根水。由于定植期温度较高，定植后在棚上或棚内1.8 m高处覆盖一层遮阳网，以防幼苗萎蔫，成活后要揭去遮阳网。

四、田间管理

（一）温、湿度管理

从定植到茄子开始采收、上市一般需要30～40天。秋冬茄前期气温高，不应棚膜覆盖，以免茄子徒长，可在大棚上盖银灰色遮阳网（缓苗后揭除）。10月中旬后，当温度降到15℃以下时，盖上棚膜，并保持白天温度25℃左右，夜间温度15℃左右。11月中旬后，如果夜间最低温度在10℃以下，可在大棚内搭建中棚，进行覆盖保温。大棚密封覆盖后，当白天中午的温度在30℃以上时，应进行通风。如遇寒流天气，要及时封棚保温，寒流较强时，晚上还要加盖小拱棚或二道膜保温。棚内白天温度控制在22～28℃，夜晚13～18℃，以利于坐果。

（二）水肥管理

茄子蒸腾旺盛、开花结果多，对水分的需求量大。但是，如果空气湿度长期超过80%，容易引起病害的发生，田间最大持水量以60%～80%最好，一般不能低于55%，否则会出现僵苗、僵果。茄子是需肥较多的蔬菜，生育期长，每生产10000 kg商品果，大约需吸收氮30 kg、磷6.4 kg、钾55 kg、钙44 kg。在采收期，需要大量的氮和钾。施肥时可以把总量1/3的氮肥和钾肥和全部磷肥作为基肥，其余的作为追肥施入。钙和镁对茄子的发育也很重要。如缺钙，叶脉附近会变褐并出现“铁锈”状叶；如缺镁，会影响叶绿素的形成，使叶脉特别是主脉附近变黄。

早秋高温干旱，要结合浇水经常施薄肥，保持土壤湿润。进入9月中旬后，植株开花结果旺盛，需要及时补充肥料，一般在坐果后，每个标准大棚施复合肥 10 kg，以后每采收 2 次再施复合肥 7 kg。进入 11 月中旬后，如果植株生长比较旺盛，则不再施肥。

（三）植株调整

进入 9 月中旬，植株封行后，视植株生长情况，适当整枝修叶，低温时期适当加强修叶，以利于通风透光，减少病虫害的发生。开花初期及后期，由于温度较高或过低，应及时用防落素等点花，促进坐果。早收门茄，能提高对茄的坐果率，这也是提高产量的一大措施。门茄"瞪眼"以前，土壤不旱不浇水，尽量不施肥，以免引起植株徒长，造成落花落果。当"四母斗"茄"瞪眼"后，将下部的侧枝及老叶、病叶打掉，并清理出棚外埋掉或烧掉，以改善棚内通风透光条件，减少养分消耗和病虫害的发生和传播。

为了有利于通风，防止茄子倒伏及烂果，应及时设立支架。立架方法：每隔 1.5 ~2 m立一个约 1 m 高的立柱，在距地面 30 cm 处捆一横杆，在杆外侧将每一株茄子都绑一个枝在横杆上，注意不能绑得太紧，茄子长高后可把横杆向上移。

（四）病虫害防治

见茄子大棚春提早生产。

五、采收

茄子萼片与果实相接处白色或淡绿色环状带消失时即可采收，一般 8 月下旬至 9 月下旬为盛收期，可采收至 12 月。采收茄子时，不宜在中午进行，茄子中午含水量低，外观色泽较差，可在傍晚或早晨采摘，注意不要碰断枝条。由于塑料大棚的保温性能有限，当棚内气温可能对茄子造成冷害时，要及时将茄子全部采收，以免造成损失。

六、老株再生栽培

（一）选择合适的品种

适合再生栽培的品种较多，四川地区以高架红竹丝茄、墨茄较好，因为它们的植株高大，通风透光性能好，抗热能力强，在高温多雨季节栽培，有利于高产。

（二）栽培技术

立秋前后，气候炎热，茄子已进入衰老期，茄子的产量和商品性降低。可利用残桩进行秋延后再生栽培。其方法是：晴天下午将植株第一分枝留 8 cm 短截，用百菌清等药液处理伤口；清洁田园；及时中耕松土，追施速效肥料，大约 10 天即可发出新枝，每株留 4～5 个长成再生果的果枝；新枝在 12～15 cm 长时现花蕾，再过 15～20 天即可采收。长江流域前期需加盖遮阳网，后期要覆盖塑料薄膜。

任务4　黄瓜秋延后生产

秋黄瓜生产前期处于高温多雨季节，而后期急剧降温，且四川盆地秋季多阴雨、日照少、空气潮湿。因此，选用合适的品种，掌握适宜的播种期，合理利用设施调节温、湿度，是生产的关键技术措施。品种要求抗病性强、耐热、结瓜早、瓜码密，且收获集中。

一、确定播种期

黄瓜喜温不耐寒冷，35℃以上发芽率降低，幼苗生长不良。超过32℃，根系呼吸消耗增加；超过38℃，根系停止生长，并引起腐烂和枯死。植株生长发育的适宜温度范围为18～30℃，最适温度24℃，当温度在32℃以上时呼吸量增加，净同化率下降，35℃以上生育不良，超过40℃会引起落花、化瓜，经45℃高温3 h，叶色变淡，雄花落蕾或不能开花，花粉发芽率低下，产生畸形果。一般情况下白天温度25～30℃，夜间温度13～18℃，昼夜温差在10℃左右最理想。夜间低温有利于减少植株呼吸消耗，加快同化物质的运输，抑制徒长，防止落花落果。

播种秋大棚黄瓜是为延长黄瓜供应期而栽培的，所以播种不能过早。播种太早，一方面夏季黄瓜还没有采收结束，另一方面苗期正处在炎热多雨季节，幼苗生长困难；但播种也不能太迟，否则，生育期相对较短，产量低，经济效益差。根据黄瓜生长发育对气候条件的要求，应考虑以下因素：一是品种选择。要求选用抗逆性强、抗病性强、耐热、抗寒、结瓜早、瓜码密、商品性好且收获集中品种。二是播种期、定植期确定，播种过早，苗期赶上高温多雨，病害严重，前期产量虽高，但与露地秋黄瓜同时上市，既不利于延后供应，也影响产值；播种过晚，生长后期气温急剧下降，影响中后期产量，降低产值。四川盆地气温从立秋开始逐渐下降，早晚凉爽，温差较大。在8月中下旬至11月初合理利用大棚，充分发挥10月“小阳春”的气候特点，能够较好地满足黄瓜生长所需的有效积温。四川地区大棚秋延迟黄瓜适宜播种期应在8月中下旬，10月上旬可进入结瓜盛期，能延迟到11月中旬采收完成。

二、播种育苗

（一）品种选择

目前市场上适宜秋延后生产的专用品种很多，根据各地气候特点及消费习惯进行选择，秋大棚黄瓜应选用苗期耐高温，后期低温生长好，抗霜霉病、白粉病，瓜把短的品种。四川盆地多选用津杂 1 号、津杂 2 号、津优 1 号、津研 4 号、津研 7 号、夏丰 1 号、津优 6 号、津绿 1 号、津研 4 号、秋棚 1 号、秋棚 2 号、长春密刺等品种。

（二）整地、施基肥

在黄瓜直播两周前，清除前茬作物的枯枝烂叶，进行整地并消毒，消毒可在整地前或整地后。每 667 m^2施优质有机肥 3000～4000 kg，并增施高浓度硫酸钾型复合肥100 kg。深翻细耙，按照宽 1.2 m（包沟）做厢并覆盖地膜。再利用太阳能密闭大棚高温灭菌、灭卵 5～7 天。

（三）播种

黄瓜秋延后生产，温度较高，容易出苗，既可直播，也可育苗移栽，生产以直播较为普遍。由于播种期处于高温干旱或暴雨天气，不仅造成土壤板结，出苗不齐，而且容易伤害茎叶，对幼苗生长不利，淹水后又容易烂根或徒长，病虫害危害严重，因此生产上一般采用扣棚直播。方法是将大棚四周薄膜打开通风，留顶棚薄膜遮阴避雨。黄瓜秋延后生产多以直播为主。四川盆地播种适期一般为 8 月中下旬至 9 月初。有敞棚直播和扣棚直播两种方式。虽然敞棚播种节省塑料薄膜，但由于高温多雨，黄瓜出苗后茎叶易受伤害，特别是灌水后容易烂根死苗，造成缺苗断垄，病虫害也严重。因此，生产上多采用扣棚直播，播种后四周打开通风，只留顶部的薄膜用来遮阴防雨。直播采用干籽直接播种，一般不用浸种催芽，播前浇足底水。秋延后生长期短（100 天左右），一般要比春茬黄瓜适当密些，每 667 m^2 种植 2800～3600 株。直播一般按行距 60 cm、穴距 30 cm，每穴放 2 粒种子。

三、田间管理

（一）温、湿度调控

1. 高温期

从播种到 9 月上中旬，黄瓜正处在幼苗期，由于高温多雨，必须覆盖顶膜，四周敞开通风，起到降温防雨作用，并注意及时排水防涝，防止厢内积水，造成根系窒息而死。

2. 适温期

从 9 月中旬至 10 月中旬，是秋延后大棚黄瓜生长最旺盛时期。日出前放风 20～60 min排除废气、湿气，然后闭棚使气温迅速提高到 25℃以上，结合放风使气温维持在 25～28℃，滴灌棚和地膜棚注意保持棚内湿度，避免高温灼烧。下午当棚温降至25℃左右时，加大放风量使气温降至18～20℃。外界最低气温高于15℃时整夜放风。阴天光照较弱时需全天放风，并注意防雨溅入棚室内。浇水宜在清晨和上午进行，浇水后需闷棚提温，使棚温达32℃以上，维持1 h后放风，若2 h棚温降至25℃以下可再次提温，提温后需加大放风排湿。

3. 低温期

进入10月中旬后，外界气温逐渐降低，此时随着气候的变化，逐渐减少放风量，加强防寒保暖。白天温度保持在25℃左右，夜间温度维持在15℃左右，低于15℃时，覆盖裙膜封闭大棚保温。保证足够的温度，满足黄瓜生长的需要，尽量延长采收期是管理的关键。特别要注意初霜的侵袭。

（二）水肥管理

黄瓜对高浓度肥料反应特别敏感，施用高浓度肥料容易发生烧根，因此对黄瓜施肥应做到勤施、薄施。黄瓜对矿质元素的吸收以钾最多，钙其次，氮再次，磷和镁较少，每生产100 kg黄瓜，需氮280 g，磷90 g，钾390 g。黄瓜的全生育期不可缺磷，特别是播后20～40天内磷的效果非常明显。黄瓜根系浅，既不耐干旱，也不耐涝；同时，黄瓜叶片大，水分蒸发量大，所以，黄瓜生长发育需要较多的水分，其适宜的土壤相对湿度为85%～95%，空气湿度为80%～90%。

从播种到9月上中旬，在肥水上应少浇勤浇，防止高温高湿造成幼苗瘦弱徒长。一般40天左右采收根瓜，当根瓜采收90%以上时（9月20日左右），要结合浇水进行追肥，每667 m^2施硫酸钾10 kg和尿素10 kg。这次浇水需特别注意的是严禁大水漫灌，否则会因水和根部温差过大，造成落花、化瓜严重。

9月中旬至10月中旬是生产的最关键时期，应注意防病、护秧，为黄瓜生产创造适宜环境。在这个阶段，由于空气湿度大，实际栽培中一般只有2次浇水施肥（9月20日、10月初左右），同时进行叶面喷肥，特别是连续阴雨天，叶面喷肥可补充植株生长发育的需要，结合喷药加入0.5%尿素、0.3%磷酸二氢钾以及各种营养素，如富万钾、爱多收等。

10月中下旬后，气温下降快，黄瓜生长缓慢，一般不需浇施肥水。

（三）植株调整

前期温度高，植株生长快，应及时引蔓上架，防止相互缠绕遮光。当秧苗长至30 cm即可上架，最好用撒裂膜或吊绳代替架材，既节省材料，省工省力，又不影响通风透光。一般在20～25节时摘心，以利于回头瓜的产生，并应及时打掉底部老黄叶和病叶。对于侧蔓，一般10节以下的要尽早除去，防止养分分散，上面的侧蔓留一条瓜，瓜上留一叶摘心，最后一个瓜上留2～3片叶摘心。

（四）病虫害防治

见黄瓜大棚春提早生产。

四、采收

秋黄瓜从播种到第一次采收，一般需要40天。前期注意勤采勤收，根瓜尽早采收，生长旺盛时期要一天一摘。后期随着温度下降，生长速度缓慢，也应降低采收频率，可两天一摘。

任务5　菜豆秋延后生产

菜豆喜温，喜光，不耐高温，耐旱力强，在高温干旱季节也能正常生长。秋菜豆是四川地区8～9月蔬菜淡季主要的蔬菜品种，经济效益较高。

一、确定播种期

种子发芽的适宜温度为20～30℃，高于40℃不能发芽，高于30℃易出现不完全开花现象，35℃以上的高温花粉发芽力显著降低，容易落花落果，当地温为25～28℃时，根瘤菌生长良好。四川地区秋延后大棚生产一般在8月中下旬播种最适，播种太早，开花期正值高温，结实率低；播种太晚，后期温度较低，影响总产量。由于秋季温度较高，采用直播较好。

二、品种选择

菜豆应选择耐热、抗病的品种，如秋抗6号、秋抗19号、白花青荚、白花四季豆、红花青夹、无筋四季豆等。

三、整地做厢

在秋延后生产中，由于前期温度高，后期温度低，所以应在大棚中生产，结合使用遮阳网、防虫网、大棚膜，实现菜豆的稳产丰产。菜豆对土壤要求不严格，但以土层深厚、肥沃、松软、排灌良好、通气性好的沙壤土或壤土为宜。翻耕时，每667 m^2 施入腐熟有机肥1500～2000 kg，三元复合肥50 kg，过磷酸钙50 kg。耙碎，整成厢面，高厢，厢宽（包沟）1.2～1.4 m，沟深25～30 cm，以利于排水。厢面要平整，不得有大土坨，覆盖黑色地膜保湿除草。

四、播种

播种前，应精选种子，选用籽粒大、整齐、饱满、种皮亮泽、无虫蛀、无霉烂的种子，在太阳下晒 1～2 天，再用冷水浸泡 2～4 h，吸足水分，可使种子出苗快、齐、壮。菜豆一般采用直播，应尽量选在雨后初晴时播种，有利于提高出苗率，最忌播种后遇上连续数日暴雨引起烂种。秋菜豆生长期短，生长不如春菜豆旺盛，且秋天日照充足，因此密度可比春菜豆大一些。播种时以浅播为佳，每厢播种 2 行，穴距 30 cm 左右，每穴 3～4 粒，每 667 m^2 播种 2700～3100 穴。

五、田间管理

（一）肥水管理

菜豆的根系发达，具深根性，吸水能力强，叶面蒸腾小，因而较耐干旱。适宜的空气相对湿度为 55%～65%，开花期如果空气湿度过低，则容易导致落花落荚。菜豆对磷钾肥的需求量较大，特别是开花结荚期增施磷钾肥能促进开花结荚并促进豆荚的发育。在苗期及开花前，植株对氮肥的需求量较大，适当补充氮肥能促进菜豆植株的营养生长，防止植株早衰。菜豆的肥水管理总原则是前轻后重。前期预防徒长，后期防止早衰。图 4-2 为菜豆秋延后生产。

图 4-2　菜豆秋延后生产

开花结荚前，菜豆对肥料的需求量不大，如果在苗期和抽蔓期的肥水过多，容易引起蔓叶徒长，第一花序的节位升高，侧蔓增多，花序减少，底荚少，产量低。苗期应适当控制肥水，促进生殖生长，以利于形成较多的花序，但在出苗期正值高温干旱期，根系尚处在表层，所以应适当浇水，以防萎蔫，每 667 m^2 亩用 2.5 kg 左右尿素兑水淋施 1～2 次，切忌氮素肥料施用量太大。

开花结荚期，菜豆的需肥量大，应浇足肥水，促花保荚，每 667 m^2 用冲施肥 10～15 kg，兑水后于晴天下午沟灌。

从第一次采收开始，每隔 7 天左右施一次肥，连追 2 次，以促进侧蔓抽生和开花结荚，防止早衰。每 667 m^2 每次用 10～15 kg 冲施肥兑水灌施，由于菜豆对肥料的要求是以磷肥最多，钾肥次之，氮肥最少，所以除了苗期根瘤未充分发育而需补充一定氮素肥料之外，开花结荚期须以磷钾肥为主，尤其要增加磷肥用量，促进根瘤菌的活动，使植株生长健壮，开花多，结荚充实。

（二）支架引蔓

当苗高达到 30 cm 左右时，节间开始伸长，进入抽蔓期，此时应及时搭架，一般做成人字架。每穴插一根竹竿，支架不得太长，以免影响后期扣棚。搭架后要经常引蔓，引蔓一般在上午 10 时以后进行，以防扭伤叶蔓。菜豆的藤蔓是逆时针方向缠绕的，所以在引蔓时应逆时针方向扶蔓。引蔓时，注意要将节位高度在 30 cm 以下的侧蔓一律剪除，以提高成荚率。注意阴雨天不要引蔓，以免造成伤口，引发病害。

（三）打顶

当主蔓达到竹架顶部，并已回头约 30 cm 时，应及时将顶部剪除，防止架间相互缠绕，影响通风透光。通过打顶，可以有效控制营养生长，促进下部节位的花芽分化，增加开花数，提高结荚率。

（四）扣棚保温

9 月下旬之后，常有冷空气袭来，影响菜豆的正常生长，所以应及时扣棚，盖好塑料薄膜，以防冷害，一般在 9 月 20 日以前盖好大棚膜。盖膜之后，如果是晴天，则白天敞开大棚两边，晚上全盖。如果是阴雨天，则昼夜不敞膜，以保证白天温度在 30℃左右，晚间温度在 20～25℃。

（五）病虫害防治

1. 茎枯病

主要为害叶柄、茎蔓和近地面的茎基部，病害发生后，茎秆局部变成褐色，晴天干枯，病茎上端枝叶凋萎枯死。防治方法：喷洒 80％新万生可湿性粉剂 600 倍液，每隔 10 天 1 次，连续防治 2～3 次。

2. 菜豆细菌性疫病

又名火烧病、叶烧病，最初产生水渍状暗绿色斑点，以后扩展成不规则红褐色或褐色病斑，湿度大时常分泌出黄色菌脓，严重时叶片干枯似火烧，发病初期可用新植霉素、农用硫酸链霉素、铜制剂等进行喷施和灌根，每隔 5～7 天 1 次，连续防治 2～3 次。

3. 根腐病

土传病害，高温高湿易发病，染病后主根产生褐色病斑，后变深褐色，并深入皮层，主根腐朽，最后全株枯死，发病初期可用甲基硫菌灵、甲基立枯灵、托布津、抗枯宁等灌根，每株浇药液 250 g，每隔 7～10 天 1 次，浇 4～5 次。

六、采收

秋延后菜豆从播种至始收40～50天，从开花到嫩荚采收8～12天为宜。一般应在种子刚开始膨大时采收，既可保证菜豆肉质致密、脆嫩，便于运输，又能保证产量。采收时间以早上露水未干时为最佳。采收期45～50天，每667 m^2产量约1000 kg。

一般情况下，一个花序有2～5对花芽，而同时结荚的通常只有一对荚，在肥力充足的条件下，能同时成荚2～6条，所以采收时应尽量不要损伤其余花蕾，更不能连花柄一起采下。采收时，可用剪刀采收，将豆荚从基部剪断，整齐扎成小把，放在阴凉处，以防日晒萎蔫。

任务6　豇豆秋延后生产

豇豆喜温，耐热，对低温敏感，耐旱力强，在高温干旱季节也能正常生长。秋豇豆是四川地区8～10月蔬菜淡季主要的蔬菜品种，经济效益较高。

一、确定播种期

豇豆属耐热性较强的蔬菜，能耐高温，不耐低温，适宜的生长发育温度为25～30℃，15℃以下生长缓慢，10℃以下的长时间低温即可发生冷害，超过35℃易落花落荚，授粉受精不良，出现少籽豇豆。四川地区秋延后大棚生产一般在6月中下旬至7月中下旬播种最适，播种太早，开花期正值高温，结实率低；播种太晚，后期温度较低，影响总产量。由于秋季温度较高，采用直播较好，如利用水稻收获后抢种一季豇豆，应提前播种进行育苗移栽。

二、品种选择

豇豆应选择耐热、抗病、优质、丰产的品种，如成豇7号、成豇5号等。

三、整地做厢

在秋延后生产中，由于前期温度高，后期温度低，所以应在大棚中生产，结合使用遮阳网、防虫网、大棚膜，翻耕时，每667 m^2施入腐熟有机肥1500～2000 kg，三元复合肥30 kg，过磷酸钙40 kg，尿素10 kg，硫酸钾20 kg。耙碎，整成厢面，高厢，厢宽（包沟）1.2～1.4 m，夏秋季雨水较多，应开深沟，沟深30～40 cm，以利于排水。厢面要平整，不得有大土坨，覆盖黑色地膜保湿除草。

四、播种

播种前，应精选种子，选用籽粒大、整齐、饱满、种皮亮泽、无虫蛀、无霉烂的种子，在太阳下晒1～2天，再用80℃的热水烫一下，在冷水浸泡2～4 h，吸足水分，可使种子出苗快、齐、壮。秋豇豆一般采用直播，可利用上一茬黄瓜收获后的竹架直接播种，在黄瓜收获前一周播。秋豇豆生长期短，生长不如春豇豆旺盛，且秋天日照充足，因此密度可比春豇豆大一些。播种时以浅播为佳，每厢播种2行，穴距35cm左右，每穴3～4粒，每667 m^2播种2500～3000穴，每667 m^2用种量为1.5～2 kg。

五、田间管理

（一）遮阳降温

播种后，在大棚架上搭遮阳网防暴雨高温，促进种子萌发，减少幼苗的高温危害，同时防止幼苗徒长。

（二）肥水管理

开花结荚前，豇豆对肥料的需求量不大，如果在苗期和抽蔓期的肥水过多，容易引起蔓叶徒长，第一花序的节位升高，侧蔓增多，花序减少，底荚少，产量低。苗期应适当控制肥水，促进生殖生长，以利于形成较多的花序，但出苗期正值高温干旱期，根系尚处在表层，所以应适当浇水，以防萎蔫，每667 m^2用2.5 kg左右尿素兑水淋施1～2次，切忌氮素肥料施用量太大，开花结荚时可叶面喷施磷酸二氢钾。

（三）支架引蔓

当苗高达到30 cm左右时，节间开始伸长，进入抽蔓期，此时应及时搭架，一般用细竹竿做成人字架。搭架一般在晴天进行，雨后不易进行。

（四）病虫害防治

见豇豆大棚春提早生产。

六、采收

秋延后豇豆开花10天左右即可采收，通常每个花序结荚2条豇豆，盛荚期每天采收1次。

知识拓展

有机肥

有机肥专指将各种动物废弃物（包括动物粪便、动物加工废弃物）和植物残体（饼肥类、作物秸秆、落叶、枯枝、草炭等），采用物理、化学、生物或三者兼有的处理技术，经过一定的加工工艺（包括但不限于堆制、高温、厌氧等），消除其中的有害物质（病原菌、病虫卵害、杂草种子等）达到无害化标准而形成的，符合国家相关标准《有机肥料》（NY 525—2002）及法规的一类肥料。有机肥主要来源于植物和（或）动物，施于土壤以提供植物营养为其主要功能的含碳物料。有机肥包括多种有机酸、肽类以及氮、磷、钾在内的丰富的营养元素。有机肥不仅能为农作物提供全面营养，而且肥效长，可增加和更新土壤有机质，促进微生物繁殖，改善土壤的理化性质和生物活性。有机肥是绿色食品生产的主要养分。

根据制作方式不同，有机肥可分为精制有机肥、生物有机肥、生物菌肥。

（一）精制有机肥

精制有机肥是将畜禽粪便经过烘干、粉碎后包装出售的商品有机肥。其特点是：未经腐熟，直接使用后在土壤里腐熟，会引起烧苗现象，也会引来地下害虫；未经除臭，返潮即出现恶臭；由于高温烘干，杀死了里面的全部微生物；由于高温处理，造成了养分损失。

（二）生物有机肥

生物有机肥是指特定功能微生物与主要以动植物残体（如畜禽粪便、农作物秸秆等）为来源并经无害化处理、腐熟的有机物料复合而成的一类兼具微生物肥料和有机肥效应的肥料。其特点是：生物有机肥完全腐熟，不烧根，不烂苗，经高温腐熟，杀死了大部分病原菌和虫卵，减少病虫害发生；添加了有益菌，由于菌群的占位效应，减少病害发生；养分含量高，经除臭，气味轻，几乎无臭；含有功能菌和有机质，能改良土壤，促进养分释放；生物有机肥的有机质本身就是功能菌生活的环境，施入土壤后容易存活。

（三）生物菌肥

生物菌肥是以微生物的生命活动导致作物得到特定肥料效应的一种制品，主要由光合菌、酵母菌、醋酸杆菌、放线菌、芽孢杆菌等组成。其特点是：生物菌肥只含有功能菌，通过功能菌来促进土壤固定肥料的利用；生物菌肥价格昂贵；如果土壤环境不适合生物菌肥的功能，则菌肥施入土壤中可能起不到应有的作用。

有机肥的特点：第一，有机质含量多，有显著的改土培肥作用；第二，所含养分种类全面，但含量低，肥劲小；第三，供肥时间长，肥效慢而持久；第四，能与土壤充分融合，形成有机复合体，故损失少，利用率高。

化肥的特点：无机肥主要是提供碳、磷、钾等元素。主要优点是养分含量高，肥效快，肥劲猛，能起到速效和提高产品的作用。缺点是一般不含有机质，只能供给作物养分，改善土壤和培养土壤肥力的作用较小，有效作用时间短，肥效不能持久；容易挥发、流失、淋洗或被土壤固定造成损失，利用率较低；长时间使用会破坏土壤结构，降低作物品质。

有机肥与化肥混合施入可以提高化肥的肥效，减少化肥施用后可能产生的某些副作用，增加作物养分。

项目五　蔬菜无土栽培

任务1　了解无土栽培

无土栽培（soilless culture）是指不用天然土壤，而用营养液或固体基质加营养液栽培作物的方法。营养液可以代替天然土壤向作物提供水分、养分、氧气、温度，使作物正常生长并完成其整个生命周期。目前，世界上应用无土栽培技术的国家和地区已达100多个，由于其栽培技术的逐渐成熟和发展，应用范围和栽培面积不断扩大，经营与技术管理水平空前提高，实现了集约化、工厂化生产，达到了优质、高产、高效和低耗的目的。

一、国外无土栽培的发展概况

在设施农业中，无土栽培正在改变着传统种植方式，成为飞速发展的新兴学科。实践证明，无土栽培具有节水、节能、省工、省肥、减少环境污染、防止连作障碍、产品无污染及高产、高效等一系列特点。早在第二次世界大战期间，西方国家就应用无土栽培技术生产蔬菜供应部队。到20世纪60年代，无土栽培技术在发达国家得到了广泛应用，70年代后，出现了营养液膜技术（NFT），生产成本有所下降，后来又出现多种人工基质。其中岩棉的应用较广，发展迅速。

（一）荷兰

荷兰是世界上温室栽培较发达的国家，温室面积约1万公顷，其中蔬菜作物占4500 hm^2，花卉占4400 hm^2，盆栽作物占1100 hm^2，上述作物用无土栽培的面积超过4000 hm^2。无土栽培的主要形式为岩棉（质地轻，孔隙度大，透气良好，但持水力差）栽培，其他还有深水培技术（作物根系悬挂在栽培容器的营养液中，营养液的深度不一，但都需不断流动，循环供液，以解决营养液中氧气不足的问题）、营养膜技术（仅有一层薄营养液流过栽培容器的底部，使供氧条件大为改善）以及少量试验性雾培等。20 世纪 80 年代，荷兰虽采用了一些机械操作，但手工作业占相当比重。无土栽培技术发展以后，由于荷兰工业基础好，加速了无土栽培自动化、现代化程度的发展。如 Petson 花木公司，8000 m^2 的盆花栽培，从花木的播种、养苗、定植、装盆、管理等只需 3 个工人，每年可生产 30 万盆花，产值达 180 万美元。

（二）日本

日本的温室及无土栽培较为发达，1997 年据统计全国温室总面积约为 5.26 万公顷，无土栽培主要是蔬菜与花卉，面积为 916 hm^2，其中蔬菜面积为 655 hm^2，日本无土栽培设施与技术达到了相当高的水平。蔬菜无土栽培的系统以深水培为主，其次为岩棉栽培系统和营养膜技术。

二、我国无土栽培的发展概况

我国蔬菜无土栽培基质的发展历史可大致分为以下 3 个阶段：①由国外引进技术和设备阶段。我国最早的蔬菜无土栽培出现在 20 世纪 30 年代上海市的四维农场，采用基质栽培方式，栽培基质为煤渣，营养液循环供液，生产番茄、黄瓜和西瓜，是中国最早的无土栽培基质。②国内试验研究阶段。在中国科学院上海植物生理研究所科技人员的影响下，1959 年上海宝山县的菜农用瓦砾为基质在缸内无土栽培番茄，试种成功。1966 年用同样方法试种番茄、黄瓜、茄子，获得成功。1976 年用瓦砾和糠灰为基质种植番茄，获得成功。③迅速发展阶段。20 世纪 80 年代中期，人民生活逐步提高，以无土栽培生产无污染、洁净卫生的蔬菜需求量大幅增加。这时期各地农业院校和科研单位先后开展蔬菜无土栽培技术研究，对栽培基质的研究更是方兴未艾，筛选出了诸多栽培基质。

三、无土栽培的特点

（一）优点

1. 有效防止土壤连作障碍和土传病害

在蔬菜的田间种植管理中，土地合理轮作、避免连年重茬是防止病害严重发生和蔓延流行的重要措施之一。但是近年来我国的耕地面积逐年减少，蔬菜生产逐渐专业化和规模化，特别是保护地设施栽培面积的逐年扩大，使土地的合理轮作制度难以得到进一步的推广和应用。土地重茬带来的土壤病害日益严重，虽然也可以采用土壤消毒的办法来解决，但是土壤消毒不仅成本高、费工、费药，而且效果也不十分理想。如果采用无土栽培方式，由于它的栽培环境完全与土壤隔离，所以可以有效防止土传病害的发生。只要对种子、培养基、器械、营养液等进行认真的消毒，管理得当，一般不易感染病害，可以实行高度连作，大大提高了土地利用率。正是因为无土栽培方式在防止土传病害发生上具有不可替代的优越性，因而在蔬菜的无公害生产中具有重要的意义。

2. 提高作物的产量与品质

利用无土栽培技术可以人为调控作物所需要的温度、光照、水分、营养元素等环境条件，因而比常规生产出的蔬菜产量高，品质好，产品洁净卫生，经济效益好。由于无土栽培不使用有机肥料，可以避免土壤中有机肥料的寄生虫对产品的污染，病害也很少发生，因此可以少施用农药，在一定程度上解决了农药在蔬菜产品中的残留问题。

3. 节水、节肥、省工

在栽培过程中，可以省去育苗配土、土壤耕作、浇水、中耕除草、病虫防治等管理环节，节省大量劳动力。在具有一定规模的无土栽培场所，还可以实行机械化作业和自动化管理。无土栽培中的营养液可根据不同作物在各个生育时期对营养的需要进行配制及调整，养分不经过土壤直接供作物吸收，未被吸收的部分回收后再利用，同时减少了因土壤蒸发和流失所造成的水分浪费。因此，能够做到节水、节肥。

4. 不受自然条件的限制

无土栽培的地点不受土质、水利条件的限制，特别是在沙漠、土地贫瘠、干旱等条件恶劣的地区，是一种行之有效的作物栽培方式。

（二）缺点

一次性设备投资大，肥料费用高，用电多，管理需要一定的知识水平，如营养液的配制、调整与管理都需要一些专门的知识。这些不利因素成为无土栽培技术推广利用的限制因素。因此，根据各地的具体情况，选用简单、方便、投资少、成本低、应用效果好的无土栽培方式和配套技术。

四、无土栽培的分类

按照无土栽培中固定根系的方法，大体上将它分为无基质栽培和基质栽培两大类型，如图 5-1 所示。

- 无土栽培
  - 基质栽培
    - 基质的种类
      - 无机基质：砂、珍珠岩、蛭石、岩棉
      - 有机基质：草炭、锯末、稻壳、树皮等
    - 栽培形式
      - 袋培
      - 槽培
      - 立柱式栽培
  - 无基质栽培
    - 喷雾栽培
    - 水培
      - 深液流水培
      - 营养液膜水培
      - 浮板毛管水培

图 5－1　无土栽培的分类

（一）无基质栽培

无基质栽培是指作物根系不用基质固定，根系直接和营养液接触。按照根系与营养液接触的状态不同，无基质栽培又可分为水培和喷雾栽培两种类型。

1. 水培

水培是指植物部分根系悬挂生长在营养液中，而另一部分根系裸露在潮湿空气中的一类无土栽培方法。水培根据其营养液液层的深度、设施结构和供氧、供液等管理措施的不同，常见的有以下三大类型。

（1）深液流水培技术（Deep Flow Technique，DFT）：营养液液层较深，一般为 5～10 cm，植物由定植板或定植网框悬挂在营养液液面上方，而根系从定植板或定植网框伸入到营养液中，也称为深水培技术。

（2）营养液膜水培技术（Nutrient Film Technique，NFT）：营养液液层较浅，一般为 1～2 cm，植株直接放在种植槽槽底，根系在槽底生长，而营养液以一浅层在槽底流动，也称为浅水培技术。

（3）浮板毛管水培技术（Floating Capillary Hydroponics，FCH）：营养液液层深度为 3～6 cm，营养液液面上放一块聚苯乙烯泡沫板，板上放一块无纺布，植株一部分根系在无纺布上生长，吸收空气中的氧气，而另一部分根系浸在营养液中吸收水分和养分。

2. 喷雾栽培

喷雾栽培简称雾培或气培，是将营养液用喷雾状态接触根系。在喷雾栽培中，为了保持根系环境的高湿度和避免根系上滋生绿藻，接受喷雾栽培的作物根系必须悬空在密闭、黑暗的容器中。通常在容器内的根系下方安装自动定时喷雾装置，每隔 2～3 min，喷营养液几秒钟。喷雾栽培在解决根系同时吸收氧和营养液的问题上，效果比水培更为理想。这一栽培方法适用于番茄、黄瓜和某些观赏植物的种植。

（二）基质栽培

基质栽培是用基质固定根系，使作物根系通过基质吸收营养液和氧。基质栽培的类型和方法很多，大体上可分为有机基质和无机基质两类。目前，世界各国大多采用无机基质。

1. 有机基质

有机基质是采用草炭、锯末、树皮、稻草和稻壳等物质作基质。这些基质或来自有机物，或本身就是有机物。在各种有机基质中，以草炭的应用最广，其次是锯末。草炭大多被用于栽培各种园艺作物。

2. 无机基质

无机基质是采用岩棉、蛭石、砂、陶粒、珍珠岩、聚乙烯和尿醛泡沫塑料等无机物质作基质。在各种无机基质中，以岩棉用得最多，岩棉普遍用于蔬菜、花卉的育苗和栽培上。

无论是有机基质，还是无机基质，在大面积无土栽培中，通常都是放进栽培床或塑料袋中，将植株定植在基质上，再配置相应的营养液灌溉系统进行灌溉。

任务 2　配制营养液

营养液是将含有植物生长发育所必需的各种营养元素的化合物（含少量提高某些营养元素有效性的辅助材料）按适宜的比例溶解于水中配制而成的溶液。无论是何种无土栽培形式，都是通过营养液为植物提供养分和水分。无土栽培的成功与否在很大程度上取决于营养液配方和浓度是否合适、营养液管理是否能满足植物不同生长阶段的需求，可以说，营养液的配制与管理是无土栽培的基础和关键。不同的气候条件、作物种类、品种、水质、栽培方式、栽培时期等都对营养液的配制与使用效果有很大的影响。因此，只有深入了解营养液的组成和变化规律及其调控技术，才能真正掌握无土栽培的精髓；只有正确、灵活地配制和使用营养液，才能保证获得高产、优质、快速的无土栽培效果，无土栽培才能取得成功。

一、营养液的原料及其要求

在无土栽培中用于配制营养液的原料是水和含有营养元素的各种盐类化合物及辅助物质。合适的营养液配方须结合当地水质、气候条件及所栽培的作物品种，对营养液中的营养物质种类、用量和比例作适当调整，才能最大限度地发挥营养液的使用效果。

（一）营养液对水源的要求

配制营养液的用水十分重要。无土栽培生产上一般使用井水和自来水。河水、泉水、湖水、雨水也可用于营养液的配制。流经农田的水、未经净化的海水和工业污水均不可用作水源。

无论采用何种水源，最好对水质进行分析化验或从当地水利部门获取相关资料，并据此调整营养液配方。

无土栽培生产时要求有充足的水量保障。如果单一水源水量不足时，可以把自来水和井水、雨水、河水等混合使用，降低生产成本。

（二）营养液对水质的要求

水质好坏对无土栽培的影响很大，因此，无土栽培的水质要求比国家环保总局颁布的《农田灌溉水质标准》（GB 5084—85）的要求稍高，与符合卫生规范的饮用水相当。无土栽培用水必须检测多种离子含量，测定电导率和酸碱度，作为配制营养液时的参考。水质要求的主要指标如下：

（1）硬度。用作营养液的水，硬度不能太高，一般以不超过 10 度为宜。水的硬度标准统一以每升水中 CaO 的含量来表示，1 度相当于 10 mg CaO/L，硬度划分标准为0 度～4 度为极软水，4 度～8 度为软水，8 度～16 度为中硬水，16 度～30 度为硬水，30 度以上为极硬水。石灰岩地区和钙质土地区的水多为硬水。硬水会导致营养液 pH 较高，营养液中钙、镁含量较高，一般用 15 度以下的水进行无土栽培效果较好。

（2）酸碱度（pH）：一般要求在 5.5～8.5 之间。

（3）溶解氧：使用前的溶解氧应接近饱和，即 4～5 mg/L。

（4）NaCl 含量：小于等于 200 mg/L。不同作物、不同生育期要求不同。

（5）余氯：主要来自自来水消毒和设施消毒所残存的氯。氯对植物根有害，因此，自来水进入设施系统之前最好放置半天以上，设施消毒后空置半天，以便余氯散逸。

（6）悬浮物：小于 10 mg/L。以河水、水库水作水源时，要经过澄清之后才可使用。

（7）重金属及有毒物质含量。无土栽培的水中重金属及有毒物质含量不能超过国家标准（见表 5-1）。

表 5-1　无土栽培水中重金属及有毒物质含量标准

名称	标准	名称	标准
汞（Hg）	≤0.005 mg/L	铜（Cu）	≤0.10 mg/L
镉（Cd）	≤0.01 mg/L	铬（Cr）	≤0.05 mg/L
砷（As）	≤0.01 mg/L	锌（Zn）	≤0.20 mg/L
硒（Se）	≤0.01 mg/L	铁（Fe）	≤0.50 mg/L
铅（Pb）	≤0.05 mg/L	氟化物（F~）	≤3.00 mg/L
六六六	≤0.02 mg/L	酚	≤1.00 mg/L
苯	≤2.50 mg/L	大肠杆菌	≤1000 个/L
DDT	≤0.02 mg/L		

二、营养元素化合物

（一）植物生长所需的营养元素

植物正常生长发育所需要的营养元素有必需元素和有益元素之分。必需元素是指植物正常生长发育所必需而不能用其他元素代替的植物营养元素。根据植物需要量的多少，必需元素又分为大量元素和微量元素，共有 16 种。

1. 大量元素

大量元素是指植物体内含量较高的元素，占干物质重的 1000 mg/kg 以上，大量元素包括碳（C）、氢（H）、氧（O）、氮（N）、磷（P）、钾（K）、钙（Ca）、镁（Mg）、硫（S）。

2. 微量元素

微量元素是指植物需要较少的营养元素，占干物质重的 100 mg/kg，包括锰（Mn）、硼（B）、锌（Zn）、氯（Cl）、铁（Fe）、铜（Cu）、钼（Mo）。

3. 有益元素

植物体内还有一些元素，目前还未证明所有高等植物具有普遍性，但它们对特定植物的生长发育有益，即一些植物正常生长发育所必需而不是所有植物必需的元素。目前对有益元素了解较多的有钠（Na）、硅（Si）、钛、钒、锂、铬、镍（Ni）、硒、碘等。硅是稻、麦、甘蔗等禾本科植物所必需的，对番茄、黄瓜、菜豆、草莓等也有一定作用。缺硅会使植物生殖生长期的受精能力减弱，降低果实数和果重，镍在豆科植物氮代谢中有重要功能，Na 可以在渗透调节等方面代替 K 的作用。

在配制营养液时，碳、氢、氧主要来自空气中的二氧化碳和水，微量元素中的氯由于其允许的范围比较宽，一般用水中含有的氯足够植物生长的需要，故在营养液的配制中不考虑这 4 种元素。在选用配制营养液的化合物中，应含有除碳、氢、氧、氯以外的 12 种化合物。

（二）营养元素的功能及肥料

根据必需元素在植物体内的移动性，必需元素可分为两类：①可移动的元素，如 N、P、K、Mg、Zn、B、Mo，这些元素在植物体内可被再利用，当植物缺乏这些元素时，这些元素从老的部位转移到幼嫩部位，因此缺素症状表现在老叶上；②难移动的元素，如 Ca、S、Fe、Mn、Cu，这些元素被利用后很难移动，当植物缺乏这些元素时，新生的组织由于缺乏这些元素，首先表现出缺素症状。

在无土栽培生产中所用的化合物较多，在生产中，微量元素一般用化学试剂或医药用试剂，大量元素一般用农用肥料。如无合格的农业原料，可用工业用品代替，但肥料成本会增加。

根据化合物的纯度等级和使用领域，一般将化学工业制造出来的化合物的品质分为四类：①化学试剂类，又细分为三级，即保证试剂（Guaranteed Reagent，GR，又称一级试剂）、分析纯试剂（Analytic Reagent，AR，又称二级试剂）、化学纯试剂（Chemical Pure，CP，又称三级试剂）；②医药用；③工业用；④农业用。化学试剂类纯度最高，农业用的化合物纯度最低，价格也最便宜。营养液中标出的用量是以纯品表示的，在配制营养液时，要按各种化合物原料标明的百分纯度来折算出原料的用量。

1. 氮肥

（1）氮的生理功能：氮在植物生命活动中具有重要的作用，氮是蛋白质的主要成分，参与各种生理代谢，参与叶绿素的组成。当氮素充足时，植物可合成较多的蛋白质，促进细胞的分裂和增长，因此植物叶面积增长快，能有更多的叶面积用来进行光合作用。

（2）缺氮的症状：蔬菜缺氮时表现出植株矮小，生长缓慢，茎短而细，多木质化，叶片小，叶色淡绿以至黄色，自老叶向新叶逐渐黄化，叶片基部呈黄色，干枯后则呈浅褐色，失绿的叶片色泽均一，一般不出现斑点或花斑。缺氮症通常从老叶开始，首先在下部叶片出现症状，叶色由淡绿发展到淡黄、橙黄或黄红，分蘖或分枝少。

番茄缺氮时，植株生长缓慢，呈纺锤形，初期老叶呈黄绿色，后期全株呈浅绿色，叶片狭小而薄，花序外露；叶脉由黄绿色变为深紫色；茎秆变硬，呈深紫色，富含纤维；花芽黄色，易脱落，果实变小，富含木质。

黄瓜缺氮时植株生长缓慢并矮化，叶呈黄绿色，严重时叶呈浅黄色，全株变黄甚至白化，茎叶变硬纤维多，果蒂浅黄色，瓜变短细，如图 5-2 所示。

图 5-2　黄瓜缺氮

茄子缺氮时，叶色变淡，老叶黄化，严重时干枯脱落，花蕾停止发育并变黄，心叶变小。

辣椒缺氮时，分枝直立性差，植株开张度加大，叶片黄化并变小。

萝卜缺氮时，地上部生长缓慢，叶片小而薄，叶色黄，根系由红色转变为白色。

洋葱缺氮时，植株生长缓慢，叶片狭小，叶色浅绿，叶尖呈黄褐色，最后由叶尖波及全叶。

莴苣缺氮时，植株生长缓慢，叶片黄绿色，严重时老叶变白腐烂。

(3) 防治措施：发现蔬菜缺氮时，可用 0.2%～0.5% 的尿素进行叶面喷施。

(4) 氮过量：茎叶疯长，贪青迟熟，加重缺钾。

(5) 常用的氮肥：生产中的氮肥主要有硝态氮和铵态氮两种。植物根系可以吸收硝态氮和铵态氮。铵态氮是生理酸性盐，可使 pH 下降，所造成的生理酸性比较强，pH 变化非常迅速，对钙、镁的吸收有明显的抑制作用，人工控制十分困难，植物根系很难适应，过多时易出现中毒现象；硝态氮是生理碱性盐，可使 pH 上升，造成铁、锰、镁等在高 pH 下产生沉淀而失效，但硝态氮所造成的生理碱性比较弱，变化缓慢，植物根系可以短时间忍耐和抵抗，而且人工调节和控制比较容易。因此，无土栽培中常用硝态氮作氮源，常用的肥料有硝酸钙、硝酸钾、磷酸二氢铵、硫酸铵、氯化铵、硝酸铵、尿素等。四水硝酸钙（$CaNO_3 \cdot 4H_2O$）是白色晶体，极易溶于水，吸湿性强，极易吸水潮解，是目前无土栽培中用得最广泛的氮肥和钙肥，特别是钙源，绝大多数营养液配方都由硝酸钙来提供。硝酸钾（KNO_3）属于二元复合肥，白色颗粒或结晶性粉末，微潮解，生理碱性肥料。硝酸铵（NH_4NO_3）是无色无臭的透明结晶或呈白色的小颗粒，吸湿性强，易板结，生理酸性肥料。尿素是一种高浓度氮肥，含氮 46%，是固体氮肥中含氮量最高的。结晶尿素呈白色针状或棱柱状晶形，吸湿性强。

2. 磷肥

(1) 磷的生理功能：苗期供给充足的磷肥可促进幼苗生长、花芽分化和抗逆能力。磷能促进早期根系的形成和生长，促进地上部分的生长发育，加强植株的光合作用和碳水化合物的合成与转运，提高植物适应外界环境条件的能力，提高植物的抗寒、抗旱、抗病等能力。

（2）缺磷的症状：植株生长缓慢，植株矮小，瘦弱，根系不发达，侧根生长不良，叶片较小，叶色暗绿，无光泽，花少，果少，果实迟熟；严重缺磷时下部叶片变紫色或红褐色，由于磷能在植物体内快速移动，缺磷首先表现在老叶片上；分蘖或分枝少，叶色暗绿，或叶茎基部紫红色，结实不正常，品质差。

黄瓜对磷的吸收主要在前期。若植株缺磷，植株矮小，叶小、果小而少，叶深绿色，叶片僵硬，叶脉呈紫色。尤其是底部老叶表现更明显，叶片皱缩并出现大块水渍状斑，变为褐色干枯。

茄子缺磷时，纤维发达，花芽分化和结果期延长，叶片变小，颜色变深，叶脉发红。

辣椒在苗期缺磷时，叶色深绿，由下而上落叶，叶尖变黑枯死，生长停滞，早期缺磷一般很少表现出症状。成株期缺磷时，植株矮小，叶背多呈紫红色，茎细，分枝少，延迟结果和成熟。

（3）防治措施：发现蔬菜缺磷时，可用0.1%～0.2%的磷酸二氢钾进行叶面喷施。

（4）磷过量：生长明显受抑制，常导致植物缺锌症。

（5）常用的磷肥：磷酸二氢铵（$NH_4H_2PO_4$）是一种白色的晶体，易溶于水，同时提供氮和磷两种营养元素，对溶液的pH有一定的缓冲能力。磷酸二铵［$(NH_4)_2HPO_4$］是灰白色或深灰色颗粒，易溶于水，对营养液的pH有一定的缓冲能力。磷酸二氢钾（KH_2PO_4）是无色结晶或白色颗粒状粉末，性质稳定，不易潮解，可同时提供钾和磷两种营养元素，是无土栽培中重要的磷源。过磷酸钙［$Ca(H_2PO_4)_2 \cdot H_2O + CaSO_4 \cdot 2H_2O$］又称普通过磷酸钙，简称普钙，主要成分为磷酸二氢钙和石膏，常温下是灰色粉末，属水溶性速效磷肥，溶解度很小，20℃时100 mL水中可溶解1.8 g。储藏时要放在干燥处以防止吸湿而降低过磷酸钙的肥效，无土栽培中主要用于基质培和育苗时预先混入基质中以提供磷源和钙源。一般不作为配制营养液的肥料。重过磷酸钙［$Ca(H_2PO_4)_2$］用磷酸和磷灰石反应，所得产物中不含硫酸钙，而是磷酸二氢钙，被称为重过磷酸钙，灰白色粉末，为普通过磷酸钙的2倍以上。吸湿性和腐蚀性都没有过磷酸钙强，很易结块，但不像过磷酸钙那样存在磷酸退化作用，在无土栽培中主要用于基质培，不用于配制营养液。

3. 钾肥

（1）钾的生理功能：钾能够促进光合作用；钾能明显地提高植物对氮的吸收和利用，调节根系吸水和水分向上运输，调节物质运输；钾能增强植物对各种不良状况的忍受能力，如干旱、低温等；钾能促进植株茎秆健壮，改善果实品质，增强植株抗寒能力，提高果实的糖分和维生素C的含量；钾对调节“库—源”关系有着良好的作用，素有“品质元素”的美誉。

（2）缺钾的症状：老叶叶尖和边缘发黄，后变褐色，叶片上常出现褐色斑点或斑块，但叶中部靠近叶脉处叶色常不变，随着缺钾程度的加剧，整个叶片变为红棕色或干枯状，严重时幼叶也表现出同样症状。钾在植物体内有较大的移动性，常分布于代谢活动最活跃的器官或组织中，如生长点、芽、幼叶、果实等，所以缺钾老叶最先表现出症状，然后逐渐向新叶扩展。

番茄缺钾时，老叶的小叶呈灼烧状，叶缘卷曲，脉间失绿，有的品种在失绿区出现边缘为褐色的小枯斑，之后老叶脱落，茎木质化，不再增粗。根系发育不良，较细弱，常变成褐色。果实发育明显受阻，果形不正，成熟不一，能着色，但不均匀，植株易感灰霉病。

黄瓜需钾最多，缺钾时，植株矮小，节间变短，叶片小，呈青铜色，随后逐渐成黄绿色，主脉下陷，叶缘干枯，果实常出现大肚瓜，如图5—3所示。

图5—3　黄瓜缺钾

茄子缺钾时，初期心叶变小，生长慢，叶色变淡；后期叶脉间失绿，出现黄白色斑块，叶尖、叶缘渐干枯。生产上，茄子的缺钾症较为少见。

辣椒缺钾多在开花以后，果实膨大时开始在成熟叶上出现症状。发病初期，下部叶尖开始发黄，然后沿叶缘在叶脉间形成黄色斑点，叶缘渐渐干枯，并向内扩展至全叶，呈灼伤状或坏死状，果实变小。

（3）防治措施：发现蔬菜缺钾时，可用0.1%～0.2%的磷酸二氢钾进行叶面喷施。需要注意的是，有些蔬菜对氯化钾非常敏感，如番茄和马铃薯，因此氯化钾应慎用。

（4）常用的钾肥：硫酸钾（K_2SO_4）为无色结晶或白色结晶性粉末，微溶于水，溶解度低，无色结晶体，吸湿性小，不易结块，施用方便，是很好的水溶性钾肥。氯化钾（KCl）为白色结晶或结晶性粉末，外观如同食盐，吸湿性小，由于氯化钾中含有较多的氯，对于忌氯的作物不宜使用。

4. 钙肥

（1）钙的生理功能：钙是细胞壁的组成成分，钙可以调节植物体内的pH，有利于植物维持正常的生命活动。

（2）缺钙的症状：蔬菜缺钙时，植株矮小，生长点萎缩，顶芽枯死，生长停止；幼叶卷曲，叶缘变褐色并逐渐死亡；上部叶片叶缘黄化、变小，叶缘向上卷曲，根尖枯死，甚至腐烂，果实顶端也出现凹陷、黑褐色坏死。蔬菜种类不同，其症状也有所差异。

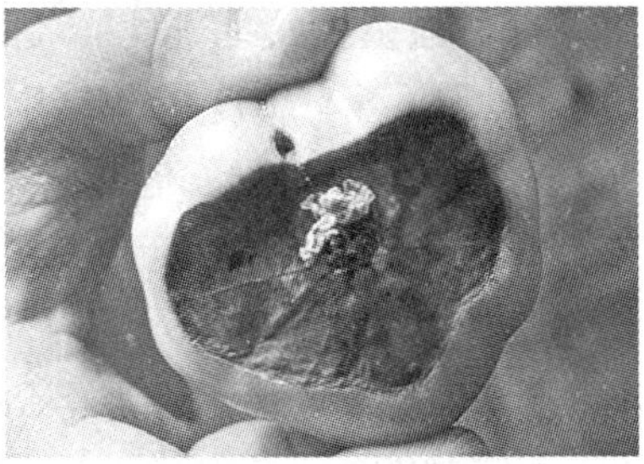

图 5-4　番茄缺钙

番茄缺钙时，下部叶片正常而顶部新叶黄化，植株瘦弱，顶芽死亡，顶芽周围出现坏死组织，根系不发达、分叉，有些侧根膨大，果实易发生脐腐病和空洞果，如图 5-4 所示。

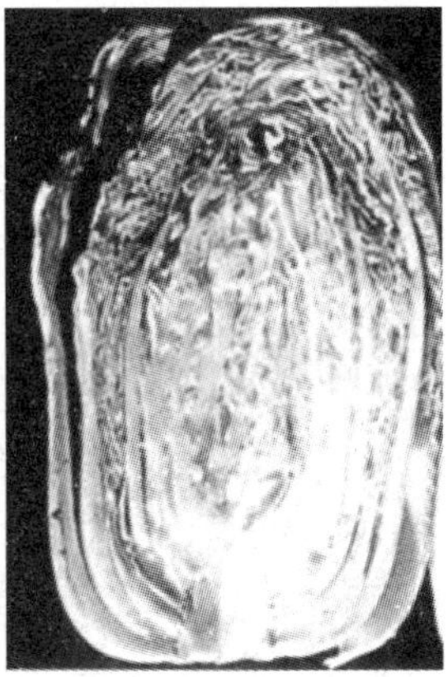

图 5-5　大白菜缺钙

黄瓜缺钙时，叶缘和叶脉间出现白色透明腐烂斑点，严重时多数叶脉间失绿，植株矮小，嫩叶向上卷，老叶向下弯曲，花小呈黄白色，瓜小无味，严重时植株从上到下逐渐死亡。

大白菜、甘蓝缺钙时，常见叶球中心叶枯黄，典型症状是缘腐病，如图 5-5 所示。胡萝卜缺钙时根部出现裂隙。莴苣缺钙时顶部出现灼伤。蔬菜缺钙常在地温过高、土壤缺水、土壤溶液浓度过高时发生，引起钙在植物体内输送缓慢，因此在干旱时期，蔬菜要注意补充水分。土壤含钙低、土壤盐分含量高、过量施用氮肥，都会影响根系对钙的吸收，引起缺钙。

（3）防治措施：发现蔬菜缺钙时，可用 0.3%的氯化钙水溶液、0.5%的硝酸钙或 0.3%的磷酸氢钙水溶液进行叶面喷施。

（4）钙过多：可能导致或加重硼、铁、锌、锰的缺乏。

（5）常用的钙肥：氯化钙（$CaCl_2$）为白色晶体或块状物，氯化钙在水中的溶解度很大，一般用于钙不足时叶面喷施。硫酸钙（$CaSO_4 \cdot 2H_2O$）为白色单斜结晶或结晶性粉末，无气味，有吸湿性，营养液中很少使用。四水硝酸（$CaNO_3 \cdot 4H_2O$）是目前无土栽培中用得最广泛的钙源。

5. 镁肥

（1）镁的生理功能：铁是叶绿素的组成成分，参与植物体内的多项生理代谢活动。镁能促进植物体内胡萝卜素和维生素 C 的合成，从而与蔬菜产品质量有很大关系。

（2）缺镁症状：缺镁在叶片上表现得特别明显，缺镁时叶片通常失绿，初期叶尖和叶脉间色泽变淡，由淡绿变黄再变紫，随后便向叶基部和中央扩展，但叶脉仍保持绿色，因而形成清晰的网状脉纹。严重缺镁时叶片枯萎，脱落。

镁在植物体内可以移动，所以缺镁首先出现在中下部叶片上，然后逐渐向上发展。缺镁与缺钾相似，但缺镁首先从叶片内侧开始失绿，而缺钾则从叶缘开始。

番茄缺镁时，叶片易碎，向下弯曲，叶脉深绿，叶脉之间的部位呈黄色，逐渐扩展，并有从叶尖到底部卷曲的趋势。叶脉保持绿色，当叶脉变黄时叶片便死亡脱落。

辣椒缺镁主要表现为叶尖黄化，如图 5－6 所示。

图 5－6　辣椒缺镁

黄瓜缺镁表现为沿叶缘形成一个绿色的环，主要发生在中部叶片上。

茄子缺镁时，一般在收获前由下部叶片开始出现症状，或在果实膨大期于果实周围的叶片上发生。随着症状的加剧，脉间变黄，老叶脱落。

甘蓝缺镁时，下部叶片失绿，有斑点和皱缩。

（3）预防措施：一旦发现蔬菜缺镁，可用 1%～2%的硫酸镁水溶液进行叶面喷施，一般每隔 10 天喷一次，连续喷 5～6 次。

（4）镁过量：加重钾的缺乏。

（5）常用的镁肥：硫酸镁（$MgSO_4 \cdot 7H_2O$）为四角粒状或菱形晶体，无色、透明，结晶体为白色，易溶于水，稍有吸湿性，生理酸性肥料，是无土栽培中最常用的镁源。

6. 铁肥

（1）铁的生理功能：铁会影响叶绿素的形成和功能表达，铁通过影响一些酶或辅酶的形成进而影响植物正常的呼吸作用。

（2）缺铁的症状：植株缺铁会产生缺铁失绿症，从新叶片的最尖端表现出病症，顶芽和新叶黄白化，最初在叶脉间部分失绿，仅在叶脉残留网状的绿色，但不产生坏死的褐斑，随着缺铁时间的延长，以后叶片全部呈黄白色。铁在体内不易移动，缺铁症状首先表现在新叶上，果实及下部叶片不易表现出缺铁症状。

番茄缺铁时，顶端叶片失绿，初期在最小叶的叶脉上产生黄绿色相间网纹，然后从顶叶向老叶发展，并且叶片坏死。

黄瓜缺铁时，叶脉绿色，叶肉黄色，逐渐变成柠檬黄色，芽停止生长，叶缘坏死或完全失绿，如图 5－7 所示。

（3）预防措施：一旦发现蔬菜缺铁，每隔3～4天可用0.02%～0.05%螯合铁（Fe—EDTA）进行叶面喷施。

（4）常用的铁肥：硫酸亚铁（$FeSO_4 \cdot 7H_2O$）又称绿矾，蓝绿色单斜结晶或颗粒，无气味，强电解质热分解溶于水。螯合铁包括乙二胺四乙酸一钠铁（NaFe-EDTA）和乙二胺四乙酸二钠铁（Na_2Fe-EDTA），浅棕色粉末状物质，稳定性强，易溶于水，不易产生沉淀，易被植物吸收，可做叶面喷施和混入基质中使用。

图5-7　黄瓜缺铁

7. 硼肥

（1）硼的生理功能：硼与生殖器官形成有关，缺硼时花粉母细胞四分体形成受阻；绒毡层组织破坏发育不良；硼促进花粉萌发和花粉管伸长；硼促进糖的运输（与糖形成复合体）；硼能明显改善蔬菜的品质。

（2）缺硼的症状：蔬菜作物缺硼，首先表现为顶端生长点停止生长，幼叶畸形、皱缩，叶脉间不规则褪绿。花而不实，子房脱落。根系少且粗短，生长缓慢。不同的蔬菜作物缺硼症状各异。甜菜的干腐病、花椰菜的褐腐病、马铃薯的卷叶病和苹果的缩果病等都是缺硼所致。

番茄缺硼时，最显著的症状是小叶失绿呈黄色或橘红色，生长点变黑。严重缺硼时，生长点凋萎死亡，幼叶的叶脉间失绿，有小斑纹，叶片细小，向内卷曲。茎及叶柄脆弱，易使叶片脱落。根生长不良，褐色。果实畸形，果皮有褐色侵蚀斑，如图5-8所示。

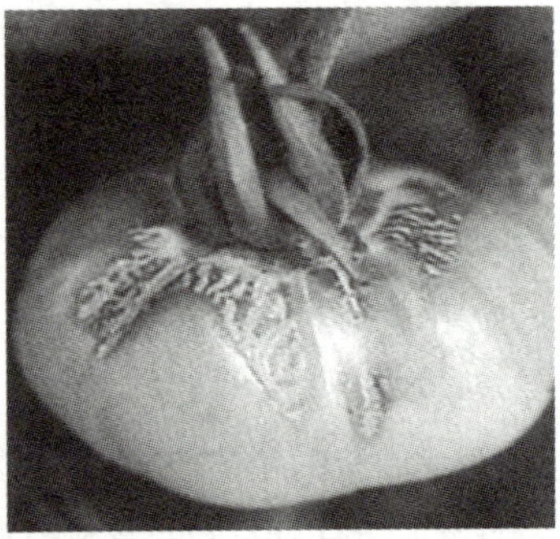

图5-8　番茄缺硼

黄瓜缺硼时，根系生长弱，不发达，植株生长慢或停止生长，花小且脱落严重。叶缘向上卷曲，展开较慢，易出现细腰畸形瓜。

茄子缺硼时，顶叶黄化、凋萎，顶端茎及叶柄折断，内部变黑，茎上有木栓状龟裂。

辣椒缺硼时，根系不发达，生长点死亡，花发育不全，果实畸形。果面有分散的暗色或干枯斑，果肉出现褐色下陷和木栓化。

芹菜缺硼时，叶柄出现纵裂，心叶变褐色、龟裂，发病初期叶缘出现病斑，叶柄发脆，叶柄表面出现褐斑。茎和茎基部出现开裂缝，呈直线或波状爆裂，还可引起茎横裂或空心。植株外层叶片易黄化，或引起腐烂。根系变褐色，侧根死亡，全株也常常死亡。

菜豆缺硼时，4 片复叶后开始发病，进入盛花期新叶失绿，叶肉出现浓淡相间的斑块，上位叶较下位叶淡，叶小、厚而脆。严重缺硼时，顶部心叶皱缩或扭曲，有时叶片局部呈褐色。

萝卜缺硼时，易产生糠心或心腐病。

莴苣缺硼时，植株生长缓慢，外部叶片有斑点或日灼状，心叶向后弯曲成畸形，生长点附近叶片呈卷缩状。

（3）预防措施：当轻度缺硼时，可在土壤中施硼砂，每个标准大棚施硼砂 100～150 g，严重缺硼时每个标准大棚施硼砂 200～300 g，叶面喷雾一般用 0.1%～0.2%的硼砂水溶液加 0.1%～0.2%的石灰水溶液，每隔 5～7 天喷一次，连续喷 2～3 次。

（4）常用的硼肥：硼酸（H_3BO_3）为白色粉末状结晶或三斜轴面鳞片状光泽结晶，有滑腻手感，热水中较容易溶解，水溶液呈微酸性，是无土栽培中良好的硼源。硼砂（$Na_2B_4O_7 \cdot 10H_2O$）为无色半透明晶体或白色结晶粉末，易溶于水，水溶液呈弱碱性，是营养液中良好的硼源。

8. 锰肥

（1）锰的生理功能：锰是叶绿素生物合成的必需因子，可促进植物体内硝酸的还原作用，有利于合成蛋白质，从而提高氮的利用率；锰能改善植物运输的能量供应，能与其他有机物形成络合物，从而改善碳水化合物的合成和运输，特别是使糖由叶片向果实和根部运输。

（2）缺锰的症状：锰在植物体内不易移动，所以缺锰是从新叶开始，缺锰时植物不能形成叶绿素，叶脉间失绿褪色，但叶脉仍保持绿色，此为缺锰与缺铁的主要区别。

番茄缺锰时，植株中部叶片和老叶逐渐变成浅绿色，随后幼叶也失绿，叶片呈典型网纹状。

黄瓜缺锰时，植株顶部及幼叶叶脉间失绿呈黄色条纹，初期叶脉末梢为绿色，叶片呈网纹状，后期除主叶脉外，整个叶片呈黄白色，老叶白花严重并死亡。

（3）预防措施：当蔬菜缺锰时，每隔 10 天用 0.1%～0.2%的硫酸锰溶液进行叶面喷施，连续喷 2～3 次。

（4）常用的锰肥：硫酸锰（$MnSO_4 \cdot 4H_2O$）为粉红色结晶体，易溶于水，是无土栽培中主要的锰源。

9. 锌肥

（1）锌的生理功能：植物缺锌时，色氨酸含量降低，而色氨酸是合成生长素的原料。锌与叶绿素的合成和稳定有关系，锌存在于茎尖、根尖、种子及疏导组织中，从而关系到生长锥的形成和发育。锌能够促进发育分化，花粉管伸长，从而与授粉受精及果实膨大有关。

（2）缺锌的症状：植物缺锌较严重时会出现很多症状，主要是叶片褪绿黄白化，叶形显著变小，茎节间缩短，常发生小叶丛生，核果浆果的果肉有紫斑，生长缓慢，植株矮小，称为“小叶病”“簇叶病”。

番茄缺锌时，植株顶部叶片细小，小叶叶脉间轻微失绿，植株矮小。老叶比正常叶片小，不失绿，但有不规则的皱缩褐色斑点，尤以叶柄较明显。叶柄向后弯曲呈一圆圈状，受害叶片迅速坏死，几天内即可完全枯萎脱落。

黄瓜缺锌时，从中位叶开始褪色，叶脉清晰可见，叶缘枯死，叶片向外侧稍微卷曲，生长点附近节间缩短，芽成丛生，生长受到抑制。

辣椒与茄子缺锌症状相似，缺锌时，叶小呈丛生状，新叶上发生黄斑，出现小叶病，逐渐向叶缘发展，致全叶黄化。

（3）预防措施：在作物生长期或发现作物缺锌时，用 0.1%～0.3%的硫酸锌溶液进行叶面喷施，每隔 7～10 天喷一次，或将硫酸锌、氯化锌或氧化锌混入有机肥施入土壤中。

（4）常用的锌肥：硫酸锌（$ZnSO_4 \cdot 7H_2O$）为无色或白色结晶，易溶于水，是无土栽培中主要的锌源。

10. 铜肥

（1）铜的生理功能：铜是植物体内多种酶的组成成分。铜与叶绿素的稳定有关；铜与植物体内类胡萝卜素及抗坏血酸的合成关系密切；铜可促进种子的呼吸，提高种子的萌发能力；铜能改变碳水化合物的合成与运输，特别是控制蔗糖由叶片向果实和根部运输。

（2）缺铜的症状：铜在植物体内不易移动，植物缺铜是从新叶、新梢开始的，植物缺铜时，叶片生长缓慢，呈现蓝绿色，幼叶缺绿，随之出现枯斑，最后死亡脱落，植物木质化受阻，严重时不能木质化，使得导管破裂，影响水分运输，从而导致植株枯萎。植物缺铜易感染白粉病，花芽分化受阻，出现花粉不育，影响结实。另外，缺铜会导致叶片栅栏组织退化，气孔下面形成空腔，使植株即使在水分供应充足时也会因蒸腾过度而发生萎蔫。

番茄缺铜时，叶缘向主脉卷曲成管状，顶部叶片小，坚硬且折叠在一起，叶柄向下卷曲，茎短。

黄瓜缺铜时，生长受抑制，节间短，幼叶小，呈丛生状，后期老叶为青铜色，逐渐向新叶扩展。

洋葱、莴苣、菠菜、胡萝卜等对铜非常敏感，番茄、黄瓜、芹菜、萝卜对铜中度敏感，豆类、白菜、芦笋、马铃薯对铜不敏感。

(3) 预防措施：蔬菜出现缺铜时，可用 0.02%～0.1%的硫酸铜溶液加 0.5%的水化石灰进行叶面喷施。

(4) 常用的铜肥：硫酸铜（$CuSO_4 \cdot 5H_2O$）俗名胆矾，为天蓝色或略带黄色粒状晶体，水溶液呈酸性，易溶于水，是无土栽培中主要的铜源。

11. 钼肥

(1) 钼的生理功能：缺钼则硝酸不能还原，呈现出缺氮症状。

(2) 缺钼的症状：缺钼时叶较小，叶脉间失绿，有坏死斑点，且叶边缘焦枯，向内卷曲。十字花科植物缺钼时叶片卷曲畸形，老叶变厚且枯焦。缺钼的一般症状为生长不良，植株矮小，叶片上主要表现为鞭尾状叶、杯状叶或黄斑叶。

番茄缺钼时，老叶先褪绿，叶缘和叶脉间的叶肉呈黄色斑状，叶边向上卷，叶尖萎焦，渐向内移；轻者影响开花结实，重者死亡。

黄瓜植株缺钼的早期症状与缺氮相似，叶脉间轻微变黄，后期叶面凹凸不平，浓淡相间，且有枯死斑出现，叶缘卷曲或叶片枯萎，新叶扭曲。茄子缺钼时，从果实膨大时开始，叶脉间发生黄斑，叶缘向内侧卷曲。

辣椒多在开花以后，果实膨大时开始出现症状。首先出现在老叶上，新叶出现症状较迟。缺钼叶片叶脉间失绿、变黄，易出现斑点，叶缘向上卷曲呈杯状。叶肉脱落残缺或发育不全。缺钼症状很像缺氮症状，但缺钼出现斑点。

(3) 预防措施：通常使用的钼肥是钼酸钠和钼酸铵，直接施入土壤，每 667 m^2 用量为 10～50 g，有数年的残效。叶面喷施为 0.05%～0.1%的钼酸铵或钼酸钠溶液，均匀地喷 1～2 次就可见效。缺钼土壤往往同时供磷不足，影响钼肥效果，所以对缺钼土壤可适当多施磷肥。

(4) 常用的钼肥：钼酸铵［$(NH_4)_6Mo_7O_4 \cdot 4H_2O$］为无色或淡黄色结晶，易溶于水，是无土栽培中主要的钼源。由于植物对钼的需要很少，在基质或水中可以满足，有时可以不再加入。

三、营养液配方

在规定体积的营养液中，规定含有各种必需营养元素的盐类数量称为营养液配方。配方中列出的规定用量，称为这个配方的一个剂量（见表 5-2）。如果使用时将各种盐类的规定用量都只使用一半，则称为用某配方的半剂量或 1/2 剂量。微量元素用量见表 5-3。

表 5-2　常用营养液配方

营养液配方名称	每升水中含化合物的量(mg/L)						元素含量(mmol/L)							备注
	四水硝酸钙	硝酸钾	磷酸二氢钾	磷酸二氢铵	七水硫酸镁	盐类总计	N: NH_4^+～N	N: NO_3～N	P	K	Ca	Mg	S	
Hoagland 和 Snyder 霍格兰和施奈德,1938 通用	1180	506	136		693	2515		15	1	6	5	2	2	世界著名配方，1/2 剂量较妥
Hoagland 和 Amon 霍格兰和阿蒙,1938 通用	945	607		115	493	2160	1	14	1	6	4	2	2	
Hoagland 和 Amon 霍格兰和阿蒙,1940 番茄	708	1011		230	493	2442	2	16	2	10	3	2	2	
Cooper,1975,推荐 NFT 通用	1062	505	140		738	2445		14	1.03	6.03	4.5	3	3	1/2 剂量较妥
日本园试配方,1996,通用	945	809		153	493	2400	1.33	16	1.33	8	4	2	2	按作物吸肥水规律 n/w 值制定的配方，稳定性较好
日本山崎配方,1978,甜瓜	826	607		153	370	1956	1.33	13	1.33	6	3.5	1.5	1.5	
日本山崎配方,1978,黄瓜	826	607		115	483	2041	1	13	1	6	3.5	2	2	
日本山崎配方,1978,番茄	354	404		77	246	1081	0.67	7	0.67	4	1.5	1	1	
日本山崎配方,1978,莴苣	236	404		57	123	820	0.5	6	0.5	4	1	0.5	0.5	
日本山崎配方,1978,茼蒿	472	809		153	493	1927	1.33	12	1.33	8	2	2	2	
日本山崎配方,1978,草莓	236	303		57	123	719	0.5	7	0.5	3	1	0.5	0.5	
日本山崎配方,1978,茄子	354	708		115	246	1423	1	10	1	7	1.5	1	1	

续表5—3

营养液配方名称	每升水中含化合物的量(mg/L)						元素含量(mmol/L)							备注
	四水硝酸钙	硝酸钾	磷酸二氢钾	磷酸二氢铵	七水硫酸镁	盐类总计	N: NH_4^+~N	N: NO_3~N	P	K	Ca	Mg	S	
山东农业大学,1986,番茄、辣椒	910	238	185		500	1833		10.11	1.75	4.11	3.85	2.03	2.03	
华南农业大学,1990,番茄	590	404	136		246	1376		9	1	5	2.5	1	1	也可通用
华南农业大学,1990,果菜	472	404	100		246	1222		8	0.74	4.74	2	1	1	

表 5-3 微量元素用量（各配方通用）

化合物名称	营养液中含化合物（mg/L）	营养液中含元素（mg/L）
EDTA 铁钠盐（Na_2Fe-EDTA）	20～40	2.8～5.6
硼酸（H_3BO_3）	2.86	0.5
硫酸锰（$MnSO_4 \cdot 4H_2O$）	2.13	0.5
硫酸锌（$ZnSO_4 \cdot 7H_2O$）	0.22	0.05
硫酸铜（$CuSO_4 \cdot 5H_2O$）	0.08	0.02
钼酸铵［$(NH_4)_6Mo_7O_4 \cdot 4H_2O$］	0.02	0.01

现在世界上已发表了无数的营养液配方。营养液配方根据应用对象不同，可分为叶菜类和果菜类营养液配方；根据配方的使用范围分为通用性（如霍格兰配方、园试配方）和专用性营养液配方（如日本山崎配方）；根据营养液盐分浓度的高低分为总盐度较高和总盐度较低的营养液配方。

四、营养液的配制

（一）营养液浓度的表示方法

营养液浓度的表示方法很多，常用一定体积的溶液中含有多少数量的溶质来表示其浓度。

1. 化合物质量/升（mg/L）

即每升溶液中含有某化合物的质量，质量单位可以用 g 或 mg 表示，如 mg/L 即表示每升溶液中含有溶质的毫克数。这种表示法通常称为工作浓度或操作浓度。也就是说，具体配制营养液时是按照这种单位来进行操作的。

2. 摩尔/升（mol/L）

即每升溶液含有某物质的摩尔（mol）数。某物质可以是元素、分子或离子。由于营养液的浓度都是很稀的，因此常用毫摩尔/升（mmol/L）表示浓度。

3. 电导率（EC）

通常配制营养液用的无机盐是强电解质，其水溶液具有导电能力，导电能力的强弱可用电导率来表示。电导率是单位距离导电能力的强弱，用毫西门子/厘米（mS/cm）表示。

在一定浓度范围内，溶液的含盐量与电导率成正比，含盐量越高，电导率越大，渗透压也越大。因此，电导率能间接反映营养液的总含盐量，从而可用电导率值表示营养液的总盐浓度，但电导率不能反映营养液中某一无机盐类的单独浓度。电导率值可用电导率仪测定。一般无土栽培生产中，每隔1～2天测一次营养液的电导率来调节营养液的浓度。

（二）营养液的配制

营养液配制总的原则是确保在配制后存放和使用营养液时不会产生沉淀。配制营养液一般配制浓缩储备液（也叫母液）和工作营养液（也叫栽培营养液，即直接用来种植作物用的）两种。生产上一般用浓缩储备液稀释成工作营养液，所以前者是为了方便后者而配制的，如果有大容量的容器或用量较少时，也可以直接配制工作营养液。

1. 母液的配制

为了防止在配制母液时产生沉淀，不能将配方中的所有化合物放置在一起溶解，因为浓缩后有些离子的浓度的乘积超过其溶度积常数而会形成沉淀，所以应将配方中的各种化合物进行分类，把相互之间不会产生沉淀的化合物放在一起溶解。为此，配方中的各种化合物一般分为三类，配制成的浓缩液分别称为A母液、B母液、C母液。

A母液以钙盐为中心，凡不与钙作用而产生沉淀的化合物均可放置在一起溶解，一般包括$Ca(NO_3)_2$、KNO_3，浓缩100～200倍。

B母液以磷酸盐为中心，凡不与磷酸根产生沉淀的化合物都可溶在一起，一般包括$NH4H_2PO_4$、$MgSO_4$，浓缩100～200倍。

C母液是由铁和微量元素合在一起配制而成的，由于微量元素的用量少，因此其浓缩倍数可以较高，可配制成1000～3000倍液。

在配制各种母液时，母液的浓缩倍数，一方面要根据配方中各种化合物的用量和在水中的溶解度来确定，另一方面以方便操作的整数倍为宜。浓缩倍数不能太高，否则可能会使化合物过饱和而析出，而且在浓缩倍数太高时，溶解也较慢。

配制浓缩储备液的步骤：按照要配制的浓缩储备液的体积和浓缩倍数计算出配方中各种化合物的用量，依次正确称取A母液和B母液中的各种化合物称量，分别放在各自的储液容器中，每种肥料依次加入，必须充分搅拌，且要等前一种肥料充分溶解后才能加入第二种肥料，待全部溶解后加水至所需配制的体积，搅拌均匀即可。在配制C母液时，先量取所需配制体积2/3的清水，分为2份，分别放入两个塑料容器中，称取$FeSO_4\cdot 7H_2O$和EDTA－2Na，分别加入这两个容器中，搅拌溶解后，将溶有$FeSO_4\cdot 7H_2O$的溶液缓慢倒入EDTA－2Na溶液中，边加边搅拌；然后称取C母液所需的其他各种微量元素化合物，分别放在小的塑料容器中溶解，再分别缓慢地倒入已溶解了$FeSO_4$·

$7H_2O$ 和 EDTA－2Na 的溶液中，边加边搅拌，最后加清水至所需配制的体积，搅拌均匀即可。

2. 工作营养液的配制

利用母液稀释为工作营养液时，在加入各种母液的过程中，也要防止沉淀的出现。配制的步骤：首先在储液池中放入需要配制体积的 1/2～2/3 的清水，量取所需 A 母液的用量倒入，开启水泵循环流动或搅拌器，使其扩散均匀；然后量取 B 母液的用量，缓慢地将其倒入储液池中的清水入口处，让水源冲稀 B 母液后带入储液池中，开启水泵，将其循环或搅拌均匀，此过程中所加的水量以达到总液量的 80％为度；最后量取 C 母液，按照 B 母液的加入方法加入到储液池中，经水泵循环流动或搅拌均匀，即完成工作营养液的配制。

在生产中，如果一次需要的工作营养液量很大，则大量营养元素可以采用直接称量配制法，而微量营养元素可采用先配制成 C 母液再稀释为工作营养液的方法。具体的配制步骤：首先在种植系统的储液池中放入所要配制营养液总体积的 1/2～2/3 的清水，称取相当于 A 母液的各种化合物，放在容器中溶解后倒入储液池中，开启水泵循环流动；然后称取相当于 B 母液的各种化合物，放入容器中溶解，用大量清水稀释后缓慢地加入储液池的水源入口处，开动水泵循环流动；最后量取 C 母液，用大量清水稀释，在储液池的水源入口处缓慢倒入，开启水泵循环流动至营养液均匀为止。

在荷兰、日本等国家，现代化温室中进行大规模无土栽培生产时，一般采用 A、B 两母液罐，A 罐中主要含硝酸钙、硝酸钾、硝酸铵和螯合铁，B 罐中主要含硫酸钾、硝酸钾、磷酸二氢钾、硫酸镁、硫酸锰、硫酸铜、硫酸锌、硼砂和钼酸钠，通常制成 100 倍的母液。为了防止母液罐出现沉淀，有时还配备酸液罐以调节母液酸度。整个系统由计算机控制调节，稀释、混合形成灌溉营养液。

技能训练　营养液的配制

一、材料与试剂

（一）肥料或试剂

配制日本园试配方所需的试剂或肥料如下：

A 母液包括：$CaNO_3 \cdot 4H_2O$ 和 KNO_3；B 母液包括：$MgSO_4 \cdot 7H_2O$ 和 $NH_4H_2PO_4$；C 母液包括：Na_2Fe－EDTA、H_3BO_3、$MnSO_4 \cdot 4H_2O$、$ZnSO_4 \cdot$

$7H_2O$、$CuSO_4 \cdot 5H_2O$、$(NH_4)_6Mo_7O_4 \cdot 4H_2O$。

（二）用具

千分之一电子天平，电导率仪，pH 计，烧杯，玻璃棒，储液瓶，记号笔，标签纸。

二、计算

按日本园试配方，各配制 1 L A、B、C 三母液，将各试剂所需的量填入表 5-4 中。

表 5-4　母液配置所需肥料

母液名称	所需肥料	配方用量	所需肥料用量（计算过程）	浓缩倍数
A 母液				
B 母液				
C 母液				

A 母液包括：$CaNO_3 \cdot 4H_2O$ 和 KNO_3，浓缩 100 倍；B 母液包括：$MgSO_4 \cdot 7H_2O$ 和 $NH_4H_2PO_4$，浓缩 100 倍；C 母液包括：Na_2Fe-EDTA、H_3BO_3、$MnSO_4 \cdot 4H_2O$、$ZnSO_4 \cdot 7H_2O$、$CuSO_4 \cdot 5H_2O$、$(NH_4)_6Mo_7O_4 \cdot 4H_2O$，浓缩 1000 倍。

A 母液：

$$CaNO_3 \cdot 4H_2O = 945\ mg/L \times 1\ L \times 100 = 94.5\ g$$

$$KNO_3 = 809\ mg/L \times 1\ L \times 100 = 80.9\ g$$

B 母液：

$$MgSO_4 \cdot 7H_2O = 493\ mg/L \times 1\ L \times 100 = 49.3\ g$$

$$NH_4H_2PO_4 = 153\ mg/L \times 1\ L \times 100 = 15.3\ g$$

C 母液：

$Na_2Fe-EDTA=30\ mg/L\times 1\ L\times 1000=30\ g$

$H_3BO_3=2.86\ mg/L\times 1\ L\times 1000=2.86\ g$

$MnSO_4\cdot 4H_2O=2.13\ mg/L\times 1\ L\times 1000=2.13\ g$

$ZnSO_4\cdot 7H_2O=0.22\ mg/L\times 1\ L\times 1000=0.22\ g$

$CuSO_4\cdot 5H_2O=0.08\ mg/L\times 1\ L\times 1000=0.08\ g$

$(NH_4)_6Mo_7O_4\cdot 4H_2O=0.02\ mg/L\times 1\ L\times 1000=0.02\ g$

三、母液的配制

按上述技术结果，依次正确称取 A 母液和 B 母液中的各种化合物称量，分别放在各自的烧杯中，每种肥料依次加入，必须充分搅拌，且要等前一种肥料充分溶解后才能加入第二种肥料，待全部溶解后加水至所需配制的体积，搅拌均匀即可。

四、工作营养液的配制

用上述母液配制 20 L 工作的液，利用母液稀释为工作营养液时，在加入各种母液的过程中，要防止沉淀的出现。配制的步骤：首先在储液池中放入需要配制体积的1/2～2/3的清水，量取 A 母液 0.2 L 倒入，开启水泵循环流动或搅拌器，使其扩散均匀；然后量取 B 母液 0.2 L，缓慢地将其倒入储液池中的清水入口处，让水源冲稀 B 母液后带入储液池中，开启水泵，将其循环或搅拌均匀，此过程中所加的水量以达到总液量的 80%为度；最后量取 C 母液 0.02 L，按照 B 母液的加入方法加入到储液池中，经水泵循环流动或搅拌均匀，即完成工作营养液的配制。

五、营养液的管理

营养液的管理主要是指循环供液系统中营养液的管理，非循环使用的营养液不回收使用，管理方法较为简单。营养液的管理是无土栽培的关键技术，尤其在自动化、标准化程度较低的情况下，营养液的管理更重要。如果管理不当，则直接影响营养液的使用效果，进而影响植物生长发育的质量。

（一）水分的补充

水分的补充应每天进行，一天之内应补充多少次，视作物长势、每株占液量和耗水快慢而定，以不影响营养液的正常循环流动为准。在储液池内划上刻度，定时使水泵关闭，让营养液全部回到储液池中，如其水位已下降到加水的刻度线，则要加水恢复到原来的水位线。

（二）养分的补充

养分的补充与否以及补充的数量多少，要根据种植系统中补充了水分之后营养液的电导率或各种营养元素含量的实测值来确定。生产中一般不进行营养液中单一营养元素含量的测定和调节，大都根据EC值进行调节，而在养分的补充上也不单独补充某种营养元素，在补充养分时根据所用营养液的配方全面补充。在无土栽培中，营养液EC值不应过高或过低，否则对作物生长产生不良影响。因此，应经常通过检查、调整，使营养液保持适宜的EC值。在调整时应逐步进行，不应使浓度变化大大。电导率调整的原则如下：

（1）根据栽培作物的不同调整EC值。不同蔬菜作物对营养液的EC值的要求不同，这与作物的耐肥性和营养液配方有关。一般情况下，蔬菜作物中的茄果类和瓜类要求营养液的浓度比叶菜类的高。虽然如此，但每种作物都有一个适宜浓度范围。就多数作物来说，适宜的EC值范围为0.5～3.0 mS/cm，过高不利于生育。

（2）根据同一作物不同生育期调整EC值。作物在不同生育期要求的营养液EC值不完全一样，一般苗期、生育初期植株较小，浓度可低些，开花、结果、生育盛期浓度高些，见表5－5。日本的北条等（1996）报道，无土栽培的番茄在生育期中，变化浓度的营养液比维持恒定浓度的营养液更有利于果实品质的提高。

表5－5　不同蔬菜不同生长发育时期对营养液EC值的要求

作物	育苗时期	定植前后	营养生长期	开花期	结果期
黄瓜	0.8～1.0	1.5	2.0～2.2	2.5～3.0	2.2～2.8
番茄	0.8～1.0	2.0	2.0～2.5	2.5～2.8	2.5～3.5
甜椒	0.8～1.0	2.0	2.2	2.2～2.4	2.4～2.8
茄子	0.8～1.0	2.0	2.2	2.2～2.4	2.4～2.8

（3）根据不同气候条件调整EC值。营养液的EC值受温度影响而发生变化，在一定范围内，随温度升高有增高的趋势。一般来说，夏季浓度低些，冬季浓度高些，这是因为夏季水分消耗大，冬季水分消耗小。据Adams认为，番茄用岩棉栽培时冬季营养液的EC值应为3.0～3.5 mS/cm，夏季降至以2.0～2.5 mS/cm为宜。

（4）根据栽培方式不同调整EC值。同一种作物采用的无土栽培方式不同，EC值的调整也不一样。例如，番茄水培和基质培相比，一般定植初期营养液的浓度都一样，到采收期基质培的营养液浓度比水培的低，这是因为基质会吸附营养之故。

（5）根据营养液配方调整 EC 值。同样用于栽培番茄的日本山崎配方和美国 A－H 营养液配方，它们的总浓度相差 1 倍以上。因此，补充养分的限度就有很大区别（以每株占液量相同而言）。采用低浓度的山崎配方补充养分的方法是：每天都补充，使营养液常处于 1 个剂量的浓度水平。即每天监测电导率以确定营养液的总浓度下降了百分之几个剂量，下降多少补充多少。采用高浓度的美国 A－H 配方种植时补充养分的方法是：以总浓度不低于 1/3～1/2 个剂量时为补充界限。即定期测定营养液的电导率，如发现其浓度已下降到 1/2 个剂量的水平时，则补充养分，补回到原来的浓度。隔多少天会下降到此限，视生育阶段和每株占液量多少而变。一般要求定期（间隔 1～2 天）测定营养液的电导率，初次栽培时应每天检测浓度的变化。

（三）营养液中溶存氧的调整

无土栽培尤其是水培，氧气供应是否充分和及时往往成为测定植物能否正常生长的因素之一。生长在营养液中的根系，其呼吸所用的氧主要依靠根系对营养液中溶存氧的吸收。若营养液的溶解氧含量低于正常水平，就会影响根系呼吸和吸收营养，植物就表现出各种异常，甚至死亡。

1. 水培对营养液溶存氧浓度的要求

营养液中溶存氧浓度是指在一定温度、一定大气压下单位体积营养液中溶解的氧气的适量，用 mg/L 来表示。溶液的溶存氧可以用测氧仪（溶氧仪）来测定，在水培营养液中，溶存氧的浓度一般要求保持在饱和溶解度 50％以上，这适合多数植物生长的液温范围（15～18℃）内 4～5 mg/L 的含氧量。这个要求是对栽培不耐淹浸的植物而言的。对耐淹浸的植物（即体内可以形成氧气输导组织的植物），这个要求可以降低。

2. 影响营养液氧气含量的因素

不同作物对营养液中溶存氧的浓度要求不同，耐水淹的作物对营养液中溶存氧的含量要求较低，不耐水淹的作物对营养液中溶存氧的含量要求较高。晴天，温度越高，光照强度越大，植物对营养液中溶存氧的消耗越多；反之，在阴天，温度低，光照弱时，植物对营养液中溶存氧的消耗越少。一般情况下，营养液栽培中维持溶存氧浓度在 4～5 mg/L 的含氧量水平以上，大多数植物都能正常生长。

3. 溶存氧的消耗速度

植物根系对营养液中溶存氧的消耗及消耗的速度主要取决于植物种类、生育阶段及单株占有营养液量。一般瓜类、茄果类作物的耗氧量较大，叶菜类的耗氧量较小。植物处于生长茂盛阶段、占有营养液量少的情况下，溶存氧的消耗速度快；反之则慢。日本山崎肯哉资料表明：夏种网纹甜瓜白天每株每小时耗氧量，始花期为12.6 mg/株·h；结果网纹期为40 mg/株·h。若设每株用营养液15 L，在25℃时饱和含氧量为$8.38\times15=125.7$ mg，则在始花期经6 h后可将含氧量消耗到饱和溶氧量的50%以下；在结果网纹期只经2 h即将含氧量降到饱和溶氧量的50%以下。

4. 增氧措施

溶存氧的补充来源：一是从空气中自然向溶液中扩散；二是人工增氧。自然扩散的速度较慢，增量少，只适宜苗期使用，水培及多数基质培中都采用人工增氧的方法。

人工增氧措施主要是利用机械和物理的方法来增加营养液与空气的接触机会，增加氧在营养液中的扩散能力，从而提高营养液中氧气的含量。具体的加氧方法有落差、喷雾、搅拌、压缩空气、循环流动、间歇供液、滴灌供液、夏季降低液温、降低营养液浓度、使用增氧器和化学增氧剂等。多种增氧方法结合使用，增氧效果更明显。

营养液循环流动有利于带入大量氧气，此法效果很好，是生产上普遍采用的办法。循环时落差大、溅泼面较分散、增加一定压力形成射流等都有利于增强补氧效果。

在固体基质的无土栽培中，为了保持基质中有充足的空气，可选用如珍珠岩、岩棉和蛭石等合适的多孔基质，还应避免基质积水。

（四）营养液酸碱度的控制

1. 营养液pH值对植物生长的影响

营养液的pH对植物生长的影响有直接的和间接的两方面。直接的影响是当溶液pH过高或过低时，都会伤害植物的根系。资料显示明显的伤害范围在pH为4～9之外。有些特别耐碱或耐酸的植物可以在这个范围之外正常生长。例如，蕹菜在pH为3时仍可生长良好。在pH为4～9的范围内，各种植物还有其较适的小范围。间接的影响是使营养液中的营养元素有效性降低以致失效。$pH>7$时，P、Ca、Mg、Fe、Mn、B、Zn等的有效性都会降低，特别是Fe最突出；$pH<5$时，由于H^+浓度过高而对Ca^{2+}产生显著的拮抗，使植物吸不足Ca^{2+}而出现缺钙症。有时营养液的pH虽然处在不会伤害植物根系的范围（pH在4～9之间），但仍会出现由于营养失调而生长不良的情况。因此，除了一些特别嗜酸或嗜碱的植物外，一般将营养液pH控制在5.5～6.5。

2. 营养液pH值发生变化的原因

营养液的pH变化主要受营养液配方中生理酸性盐和生理碱性盐的用量和

比例、栽培作物种类、每株植物根系占有的营养液体积大小、营养液的更换速率等多种因素的影响。生产上选用生理酸碱变化平衡的营养液配方，可减少调节 pH 值的次数。植株根系占有营养液的体积越大，则其 pH 值的变化速率就越慢，变化幅度越小。营养液更换频率越高，则 pH 值变化速度延缓，变化幅度也小。

3. 营养液 pH 值的检测方法

检测营养液 pH 的常用方法有 pH 试纸测定和 pH 计测定两种。

（1）pH 试纸测定：取一条试纸浸入营养液样品中，半秒钟后取出与标准色板比较，即可知营养液的 pH 值。试纸最好选用 pH 为 4.5～8 的精密试纸。

（2）pH 计测定：在无土栽培中，应用 pH 计测试 pH 值，方法简便、快速、准确、精度较高，适合于大型无土栽培基地使用。常用的酸度计为 pHS－2 型酸度计。

4. 营养液 pH 值的调节

pH 上升时，用稀酸溶液如 H_2SO_4 或 HNO_3 溶液中和。H_2SO_4 溶液的 SO_4^{2-} 虽属营养成分，但植物吸收较少，常会造成盐分的累积；NO_3^- 植物吸收较多，盐分累积的程度较轻，但要注意植物吸收过多的氮而造成体内营养失调。生产上多用 H_2SO_4 调节 pH 值。中和的用酸量不能用 pH 值作理论计算来确定。因营养液中有高价弱酸与强碱形成的盐类存在，例如 K_2HPO_4、$Ca(HCO_3)_2$ 等，其离解是逐步的，会对酸起缓冲作用。因此，必须用实际滴定曲线的办法来确定用酸量。具体做法是取出定量体积的营养液，用已知浓度的稀酸逐滴加入，随时测其 pH 的变化，达到要求值后计算出其用酸量，然后推算出整个栽培系统的总用酸量。加入的酸要先用水稀释，以浓度为 1～2 mol/L为宜，然后慢慢注入储液池中，边注入边搅拌或开启水泵进行循环，避免加入速度过快或溶液过浓而造成的局部过酸而产生 $CaSO_4$ 沉淀。

pH 下降时，用稀碱溶液如 NaOH 或 KOH 中和。Na^+ 不是营养成分，会造成总盐浓度的升高。K^+ 是营养成分，盐分累积程度较轻，但其价格比较贵，且多吸收了也会引起营养失调。生产上最常用的还是 NaOH。具体操作可仿照以酸中和碱性的做法。这里要注意的是，局部过碱会产生 $Mg(OH)_2$、$Ca(OH)_2$ 等沉淀。

进行营养液酸碱度调节所用的酸或碱不能太高，一般浓度为 1～3 mmol/L，边加边搅拌，经调节后的营养液种植一段时间后，pH 仍然会发生变化，在整个植物生长期内一般每周进行一次 pH 的调节。

（五）光照与液温管理

1. 光照管理

营养液受阳光直照时，对无土栽培是不利的，因为阳光直射使溶液中的铁产生沉淀。另外，阳光下的营养液表面会产生藻类，与栽培作物竞争养分和氧气。因此在无土栽培中，营养液应保持暗环境。

2. 营养液温度管理

营养液温度即液温直接影响根系对养分的吸收、呼吸和作物生长，以及微生物活动，进而影响植物的发育、产量和品质。植物对低液温或高液温的适宜范围都是比较窄的。温度的波动会引起病原菌的滋生和生理障碍的产生，同时会降低营养液中氧的溶解度。稳定的液温可以减少过低或过高的气温对植物造成的不良影响。例如，设施内最高气温达到 40℃时，营养液的液温会超过30℃以上，此时番茄等很多园艺植物都会出现生理障碍，一般植物生长要求营养液的最适宜液温为 18～20℃，夏季液温不超过 28℃，冬季液温不低于 15℃，对适应该季栽培的大多数作物都是适合的。

除大规模的现代化无土栽培基地外，我国多数无土栽培设施中没有专门的营养液温度调控设备，一般是在建造时采用各种保温措施。具体做法是：①种植槽采用隔热性能高的材料建造，如泡沫塑料板块、水泥砖块等；②加大每株的用液量，提高营养液对温度的缓冲能力；③建筑深埋地下的储液池。

营养液加温可采取在储液池中安装不锈钢螺纹管，通过循环于其中的热水加温或用电热管加温。热水来源于锅炉加热、地热或厂矿余热加温。最经济的强制冷却降温方法是抽取井水或冷泉水通过储液池中的螺纹管进行循环降温。

无土栽培中应综合考虑营养液的光、温状况，光照强度高，温度也应该高；光照强度低，温度也要低。强光低温不好，弱光高温也不好。

（六）供液时间与供液次数

营养液的供液时间与供液次数主要依据栽培形式、植物长势、环境条件而定。在栽培过程中应考虑适时供液，保证根系得到营养液的充分供应，从经济用液角度考虑，最好采取定时供液。掌握供液的原则是：根系得到充分的营养供应，但又能达到节约能源和经济用肥的要求。一般在用基质栽培的条件下，每天供液 2～4 次即可，如果基质层较厚，供液次数可少些；如果基质层较薄，供液次数可多些。NFT 培每日要多次供液，果菜每分钟供液量为 2 L，而叶菜仅需 1 L。作物生长盛期，对养分和水分的需要大，因此，供液次数应多，每次供液的时间也应长。供液主要集中在白天进行，夜间不供液或少供液。晴天供液次数多些，阴雨天少些；气温高、光线强时供液多些；温度低、光线弱时供液少些。应因时因地制宜，灵活掌握。

（七）营养液的更换

循环使用的营养液在使用一段时间以后，需要配制新的营养液将其全部更换。更换的时间主要取决于有碍作物正常生长的物质在营养液中累积的程度。这些物质主要来源于：营养液配方所带的非营养成分（$NaNO_3$中的 Na、$CaCl_2$中的 Cl 等）；中和生理酸碱性所产生的盐；使用硬水作水源时所带的盐分；植物根系的分泌物和脱落物以及由此而引起的微生物分解产物等。积累多了，造成总盐浓度过高而抑制作物生长，也干扰了对营养液养分浓度的准确测量。判断营养液是否更换的方法有以下几种：

（1）经过连续测量，营养液的电导率值居高不降。

（2）经仪器分析，营养液中的大量元素含量低而电导率值高。

（3）营养液有大量病菌而致作物发病，且病害难以用农药控制。

（4）营养液混浊。

（5）如无检测仪器，可考虑用种植时间来决定营养液的更换时间。一般在软水地区，生长期较长的作物（每茬 3～6 个月，如果菜类）可在生长中期更换 1 次或不换液，只补充消耗的养分和水分，调节 pH 值。生长期较短的作物（每茬 1～2 个月，如叶菜类）可连续种 3～4 茬更换 1 次。每茬收获时，要将脱落的残根滤去，可在回水口安置网袋或用活动网袋打捞，然后补足所欠的营养成分（以总剂量计算）。硬水地区，生长期较短的蔬菜一般每茬更换一次，生长期较长的果菜每 1～2 个月更换一次营养液。

（八）经验管理法

1. “三看两测”管理法

营养液管理不同于土壤施肥，营养液只是配制好的溶液，特别是蔬菜专业户，缺少检测手段，更难于管理。根据经验，采用“三看两测”的管理办法。一看营养液是否混浊及漂浮物的含量；二看栽培作物生长状况，生长点发育是否正常，叶片的颜色是否健康清秀；三看栽培作物新根的发育生长状况和根系的颜色。两测为每日检测营养液的 pH 值 2 次，每 2 日测 1 次营养液的电导度（EC 值）。根据“三看两测”进行综合分析，然后对营养液进行科学的管理。

2. 其他经验管理法

一些缺乏化学检测手段的无土栽培生产单位，也可采用以下方法来管理营养液：第一周使用新配制的营养液，在第一周末添加原始配方营养液的一半，在第二周末将营养液罐中剩余的营养液全部倒掉，从第三周开始再重新配制营养液，并重复上述过程。这种方法简单实用。

（九）废液处理与再利用

无土栽培系统中排出的废液因含有大量的有毒物质而不能排放。这主要是因为大面积栽培时，大量排出的废液将会影响地下水水质，如果大量排向河流或湖泊，将会引起水的富营养化。另外，即使有基质栽培的排出废液量少，但随着时间推移也将对环境产生不良的影响。因此，经过处理后重复循环利用或回收用作肥料等是比较经济且环保的方法。处理方法有杀菌和除菌、除去有害物质、调整离子组成等。营养液杀菌和除菌的方法有紫外线照射、高温加热、砂石过滤器过滤、药剂杀菌等。除去有害物质可采用砂石过滤器过滤或膜分离法。

经过处理的废液收集起来，用于同种作物或其他作物的栽培或用作土壤栽培的肥料，但需与有机肥合理搭配使用。

任务 3　基质栽培

基质栽培是利用非土壤的固体基质材料作栽培基质，用以固定作物，并通过浇灌营养液或施用固体肥料和浇灌清水供应作物生长发育所需的水分和养分，进行作物栽培的一种形式。

与水培相比，基质栽培设施简单，投资少，性能稳定，管理容易。由于基质有缓冲作用，养分、水分及温度等环境变化缓和，并有较好的实用价值和经济价值，因此我国大部分地区的无土栽培都采用基质栽培。

一、基质的种类

根据基质的性质和组成不同，可分为有机基质和无机基质。

（一）无机基质

1. 岩棉（rock wool）

图 5-9　岩棉

无土栽培用的岩棉是 60％的辉绿石、20％的石灰石和 20％的焦炭混合，在 1500～2000℃的高温下熔化后，将熔化物喷成直径为 0.005 mm 的细丝，再将其压缩为密度为 80～100 kg/m^3 的片块状，然后在冷却至 200℃左右时，加入一种酚醛树脂以减少表面张力，使其能够吸水，如图 5-9 所示。再加黏合剂压成人们所需要的各种形状。20 世纪 80 年代就被西欧各国用作基质种植蔬菜、花卉，到目前已得到广泛使用。在荷兰，全国蔬菜无土栽培 3500 hm 当中用岩棉作基质的面积就占了 80%。

优点：总孔隙度大，吸水力很强，碳氮比和盐基交换量低，不含有病毒，质地轻，空隙度大，通气性好。

缺点：缓冲能力低，持水能力差，对灌溉水要求高，不能降解，易造成环境污染。

2. 蛭石（vermiculite）

蛭石是云母类次生矿物质，为铝、镁、铁的含水硅酸盐，由一层层的薄片叠合而成，经高温 800～1000℃下膨化 15～20 倍水分迅速失去形成紫褐色有光泽多孔的海绵状小片，如图 5－10 所示。

图 5－10 蛭石

优点：呈中性或弱碱性，有较高的阳离子交换量，密度小，透气性好，保水保肥力强，孔隙度大，重度小。

缺点：长期使用后易破碎，空隙变小，通透性降低，一般使用 1～2 次，其结构就变劣，不能长期使用，需重新更换，更换后可作肥料施入土壤中，常与其他基质混合使用。

园艺用蛭石按直径大小可分为四个等级，3～8 mm 为 1 号，2～3 mm 为 2 号，1～2 mm为 3 号，0.75～1 mm 为 4 号，无土栽培用蛭石为 3 mm 以上，用作育苗的蛭石为 0.75～1 mm。

3. 珍珠岩（perlite）

珍珠岩是由一种灰色火山岩（铝硅酸盐）加热到 1000℃时，岩石颗粒膨胀形成的质地均一，直径为 1.5～4 mm 的灰白色多孔性疏松的颗粒，是一种封闭的轻质团聚体。

优点：重度小，空隙度大，易排水，通透性好，稳定性好。

缺点：保水、保肥性稍差，碳氮比低，作育苗基质时受压后易破碎，降低通透性，粉尘污染大，使用时应浇水，淋水较多时由于质轻而浮于水面上。

4. 沙（sand）

图 5－11 沙

沙是岩石风化后经雨水冲刷或由岩石轧制而成的粒径为 0.74～2 mm 的粒料，如图 5－11 所示。沙的来源广泛，价格低廉，碳氮比和持水量均低，没有盐基交换量。用作无土栽培的沙应确保不含有毒物质，营养管理合理可使作物生长良好，是无土栽培最早使用的无机基质。应注意的是，不同地区、不同来源的沙的组成成分差异很大；沙的粒径大小应相互配合适当，如太粗易产生基质中通气过剩，保水能力较差，植株易缺水，营养液的管理麻烦；沙的重度大，给搬运、消毒和更换等管理工作带来了很大不便。

5. 膨胀陶粒（expansion ceramic）

膨胀陶粒又称多孔陶粒或海式砾石，是用大小比较均匀的团粒状陶土，在800～1100℃的高温陶窑中煅烧制成的，其化学成分和性质受陶土原料成分的影响，有一定的盐基代换量，如图5－12所示。膨胀陶粒作为基质其排水通气性能良好，每个颗粒中间有很多小孔可以持水。膨胀陶粒较为坚硬，不易破碎，可反复使用，陶粒本身价格虽高于珍珠岩、蛭石等基质，但因其耐用，故实际使用价格并不高。

图5－12　膨胀陶粒

（二）有机基质

1. 草炭（peat）

草炭又名泥炭、草煤、泥煤，是由苔藓、苔草、芦苇等水生植物以及松、桦等陆生植物在水淹、缺氧、低温、泥沙掺入等条件下未能充分分解而堆积形成的，如图5－13所示。草炭是一种经过几千年所形成的天然沼泽地产物，是煤化程度最低的煤，同时也是煤最原始的状态，无菌、无毒、无污染，通气性能好，质轻、持水、保肥、有利于微生物活动，增强生物性能，营养丰富，既是栽培基质，又是良好的土壤调解剂，由未完成分解的植物残体、矿物质和腐殖质组成。草炭虽含氮量较高，但多为有机氮，转化成有效氮的速度很慢。草炭是迄今为止被世界各国普遍认为是最好的无土栽培基质之一。生产上通常和其他基质（如珍珠岩、沙、蛭石、炉渣灰等）混合使用。我国草炭资源分布不均匀，主要分布于北方，其质量较好，这与北方的地理和气候条件有关。在气温较低、雨水较少的条件下，植物残体缓慢分化成为不可再生的自然资源，长期采用必然会造成草炭资源枯竭，所以应该合理地利用。

图5－13　草炭

2. 锯木屑（wood sawdust）

锯木屑来源丰富、重度轻、吸水保水性较好；但碳氮比过高，单独使用要补充大量氮肥，否则易造成植株缺氮；基质较偏酸性，可与碱性基质（如灰）混合使用。锯末作为栽培基质受到越来越多的关注，但其含有大量杂菌及致病微生物，需经过适当处理和发酵腐熟才能应用，使用高温灭菌和杀菌剂能杀死有害病菌，但使基质中的有益微生物减少，且不能使这种高碳氮比锯末中的碳素得到有效降解。

3. 腐叶土（leaf mould）

腐叶土是腐烂的树叶和泥土的混合物，来源广泛，容易制作，深秋时，选择干燥的地方，挖一个坑，然后把大量的腐叶集中在坑中，将其压紧后浇水，在上面覆盖一层土壤，再盖上塑料薄膜，经过腐熟发酵后挖出捣碎过筛即可使用。腐叶土具有较高的阴、阳离子交换量，持水性和透气性好，并且能给植物提供类似土壤的栽培环境，植物可以从腐叶土中不断吸取养分，因此加入有机肥中是生产有机蔬菜较好的基质。

二、基质的配制

无土栽培基质的主要作用是支持固定植物，保持水分，透气，缓冲，提供营养。

根据无土栽培对基质的要求，理想的无土栽培基质应满足以下条件：①适用于种植多种植物，适用于植物的各个阶段；②质量轻；③总孔隙度大；④吸水率大，持水力强；⑤具有一定的弹性和生长型。

（一）基质配方

合理的配比基质可以提高栽培效果，常见基质的配方有：

草炭∶珍珠岩∶砂=5∶1∶1

草炭∶珍珠岩=4∶1

草炭∶沙=1∶1

草炭∶沙=3∶1

草炭∶蛭石=5∶1

草炭∶珍珠岩∶蛭石=5∶1∶0.5

草炭∶珍珠岩∶蛭石=6∶1∶1

草炭∶珍珠岩∶蛭石=7∶2∶1

草炭∶珍珠岩∶蛭石=8∶2∶1

（二）基质的消毒

固体基质在使用前及长期使用中可能含有病菌或虫卵，容易引发病虫害，因此进行基质栽培之前，一定要对基质消毒。基质消毒常用的方法有蒸汽消毒、化学药剂消毒和太阳能消毒。

1. 蒸汽消毒

将基质装入容积1～2 m^3 的柜子或箱子中，通入蒸汽进行密闭消毒，一般70～90℃条件下，消毒15～20 min就能杀死病菌，每次消毒的基质不宜太多，否则不能完全消毒，消毒时基质的含水量应控制在35%～45%，过干或过湿都可能降低消毒效果。蒸汽消毒简便易行，安全彻底，但需要专用的基质消毒机，成本高。

2. 化学药剂消毒

化学药剂消毒操作简单，成本较低，但消毒效果不如蒸汽消毒。常用的化学药剂有甲醛、高锰酸钾等。

（1）40%的甲醛：甲醛是良好的杀菌剂，但杀虫效果较差，一般将40%的原液稀释成50倍，按20～40 L/m^3 的药液用喷壶均匀地喷湿基质，然后用塑料薄膜覆盖密闭12～24 h，使用前揭开薄膜，将基质风干2周或暴晒2天，让残余的甲醛挥发掉。

（2）高锰酸钾：高锰酸钾是强氧化剂，一般用在沙等没有吸附能力且较容易清洗干净的基质上消毒，而不能用于草炭、木屑等有较大吸附能力的基质或者难于用清水冲洗干净的基质。将高锰酸钾配制成0.1%的高锰酸钾溶液，然后用喷壶向基质喷洒高锰酸钾溶液，喷完后用塑料薄膜覆盖20～30 min后可直接使用或备用。

3. 太阳能消毒

在水泥地面上铺上一层塑料薄膜，将基质堆成高25 cm、宽2 m、长度不限的基质堆，堆放的同时向基质喷洒水，使其含水量超过80%，然后盖膜，如在槽内可直接浇水后盖膜，覆膜后密闭温室或大棚，暴晒10～15天，中间翻堆摊晒一次，消毒后即可使用。太阳能消毒安全，是廉价、实用的消毒方法，无土栽培中应用比较普遍。

三、基质栽培的类型

根据基质栽培的形式不同，基质栽培可分为岩棉培、袋培、槽培和立体栽培等。

（一）袋培

袋培是利用尼龙袋、塑料袋等装上基质，按一定距离在袋上打孔，作物栽培在孔内，以滴灌的形式供应营养液。做成袋状的栽培床，并配置适当的供液装置来栽培作物，美洲及西欧国家普遍采用这种形式，如图 5－14 所示。袋内的基质可以就地取材，如蛭石、珍珠岩、锯末、树皮、聚丙烯泡沫、泥炭等及其混合物均可。

图 5－14　袋培

根据栽培形式不同，袋培可分为筒式袋培和枕头式袋培两种形式，在袋的下方或两侧打有小孔，以便排出多余的营养液。筒式袋培是将基质装入直径 30～35 cm、高 35 cm 的塑料袋内，栽植 1 株大型作物，每袋基质为 10～15 L。枕头式袋培是在长 70 cm、直径 30～35 cm 的塑料袋内装入 20～30 L 基质，两端封严，依次按行距要求摆放到栽培温室中，在袋上开 2 个直径为 10 cm 的定植孔，两孔中心距离为 40 cm，种植 2 株大型作物，每株分别设 1～2 个滴头。

在温室中摆放栽培袋之前，整个地面铺上乳白色或白色朝外的黑白双面塑料薄膜，将栽培袋与土壤隔离，防止土壤中的病虫侵袭，同时有助于增加室内的光照度。定植结束后立即布设滴灌管，每株设 1 个滴头。无论是筒式栽培还是枕头式栽培，袋的底部或两侧都应开 2～3 个直径为 0.5～1.0 cm 的小孔，以便多余的营养液从孔中流出，防止积液沤根。

（二）槽培

槽培是指用栽培槽作栽培容器的无土栽培方式，如图 5－15 所示。栽培槽可用木板、竹片、石板、砖等砌成，也可用聚苯乙烯泡沫做成，或直接用黑白塑料布装上基质做成栽培槽，各地可就地取材，只要能把基质拦在槽内即可。一般不建成永久性的栽培槽。

(a)　　(b)

图 5－15　槽培

栽培槽的大小和形状取决于不同的作物，槽边框高 15～20 cm，槽宽依不同栽培作物而定。如黄瓜、甜瓜等蔓茎作物或植株高大需有支架的番茄等作物，其栽培槽标准宽度一般为 48 cm（内径），可供栽培两行作物，栽培槽距 0.8～1.0 m。对于生菜、油菜、草莓等植株较为矮小的作物，可设置较宽的栽培槽，槽宽只要能方便操作管理就行。槽长应依保护地棚室建筑状况而定，一般为 5～30 m。为了防治渗漏及土传病害，一般在槽内铺 1～2 层塑料薄膜。槽底一般有一定的坡度，便于多余的营养液排出槽外。

技能训练　番茄的槽式栽培

一、制订生产计划

通过市场调研，掌握番茄的类型与品种、市场价格及上市时间，查找相关资料了解番茄的生长习性，掌握槽式栽培的栽培管理要点，制订番茄槽式栽培的生产计划。

无土栽培的番茄应选用早熟、耐热、抗病性强的品种，适宜南方地区栽培的代表品种有早丰、早魁、渝抗 2 号、合作 903、合作 906、浙杂 804、浙杂 805、浙杂 7 号及台湾农友公司的小番茄品种圣女、金妃等。

二、准备材料

（1）种子槽式栽培采用双行定植，每 300 m^2 大棚可种植 1000 株左右的番茄，生菜种子千粒重 2.8～3.5 g，因此需番茄种子 10 g 左右（计算方法见番茄大棚春提早生产）。

（2）基质：一个标准的大棚，宽 8 m，长 30 m，可做 5 个 1.2 m 宽、30 m 长、深 30 cm 的栽培槽，共需基质 1.2 m×30 m×0.3 m×5＝54 m^3，栽培基质可用草炭∶蛭石∶珍珠岩＝5∶1∶1，则需草炭 38 m^3，珍珠岩 8 m^3，蛭石 8 m^3。

（3）农资：复合肥，有机肥，农药，40%甲醛若干。

三、育苗

（一）种子处理

番茄适宜的发芽温度为 28～30℃，播种前用 55℃左右的温水浸泡种子 20 min，自然冷却后再浸泡 8 h，沥干后，放在纱布上，在 28～30℃的恒温箱中催芽，3 天左右即可出芽。

（二）准备播种基质

将草炭∶蛭石：珍珠岩按 1∶1∶1 的比例混匀后，每立方米加入 15∶15∶15

的三元复合肥 0.7～1.2 kg，为防止土传病菌，再用万分之五的敌克松或多菌灵消毒后，装入穴盘，浇透水。

（三）播种

将种子点播到穴盘内，每个穴盘播种 1～2 粒种子，播种后覆盖约 0.5 cm 厚的消毒过的基质，播种后可覆盖地膜保温保湿。

（四）苗期管理

1. 温、湿度管理

为促进出苗，出苗前应保持较高的温度，待出苗后，及时揭膜，白天保持 20～25℃，夜间保持 10～15℃。

2. 营养液管理

一般用 1/2 剂量的日本园试配方进行喷洒，每隔 2～3 天喷一次，每次喷透基质，实际操作时应根据苗情、含水量及天气状况做适当调整。

3. 病虫害防治

每 7～10 天喷一次多菌灵、百菌清或托布津，预防苗期病害。

四、生产管理

（一）栽培系统建造

栽培槽的规格为宽 1.2 m，深 30 cm，长 30 m，槽底铺一层塑料布。

（二）基质准备

将栽培基质按草炭：蛭石：珍珠岩为 5：1：1 的比例混合后，堆高 10～15 cm，用甲醛溶液将基质喷透，用干净的塑料布盖在基质上，密闭 3～4 天，然后将塑料布揭开晾晒半天后，装入栽培槽中，基层与槽齐平或略高于栽培槽，基质上铺 1～2 条滴灌带，再铺上地膜。

（三）定植

早春育苗，番茄苗龄为 65～75 天，夏季育苗，番茄苗龄为 35～45 天。当番茄具有 5～6 片真叶时即可定植。为有利缓苗，一般在下午高温期过后定植，一般株距为 35～40 cm，即 3～4 株/m^2。槽培采用双行定植，每 667 m^2的大棚可定植 2400～2700 株。定植后浇透营养液。

（四）定植后的管理

1. 温度管理

缓苗前一般不进行通风换气，以利于缓苗。温度一般保持在 30℃左右，不可高于 35℃。缓苗后昼夜温度均较缓苗前低 2～3℃，以促进根部扩展，一般保持 25～30℃。结果期的昼温保持 22～28℃，夜温保持 18～22℃，温度过高或过低都会导致畸形果的产生。

2. 湿度管理

基质湿度以 70%～80%为宜，空气相对湿度保持在 50%～60%。

3. 光照管理

番茄对日照长短要求不严格，中午阳光充足且温度高时，可利用遮阳网进行遮阳降温。

4. 营养液管理

采用日本山崎番茄营养液配方 1 个剂量，定植后 3～5 天需用人工浇营养液，每 2 天浇一次，每次 200 mL 左右，3～5 天后再滴灌供液，每天 3 次，每次 3～8 min，滴液量随天气及苗的长势而定。第一穗果坐住后，营养液可提高到 1.2 个剂量；第二穗果坐住后，可提高到 1.5 个剂量；第三穗果坐住后，可提高到 1.8～2.0 个剂量。另外从定植到开花前，营养液中加入 30 mg/L 的硝酸铵以补充氮素，进入盛果期，可加入 50 mg/L 磷酸二氢钾，从而提高番茄产量，改善品质。

5. 植株调整

采用单干整枝，当株高 30cm 时开始吊蔓，即在温室下弦杆上按种植行拉一道 10 号铁丝，用聚丙烯尼龙绳一端系在番茄植株的基部，另一端系于铁丝上。番茄发侧枝能力强，长出的侧枝应及时抹掉，以免消耗营养，随着植株的生长，要及时把植株绕在吊绳上，一般 1 周绕一次。生长过程中要进行疏花疏果，每一穗果留 3～5 个，多余的和不正常的花果及时疏掉，以集中营养供给，保证正品率。及时去掉下部老叶、病叶、黄叶，一般成熟果穗下面的叶片都可去掉。植株长到靠近铁丝时，即可落蔓。

6. 采收

根据市场需求及销售距离而定，一般当果实有 90%转色时采收。

（三）立体栽培

立体栽培也称垂直栽培，是在尽量不影响地面栽培的前提下，通过竖立起来的栽培柱或其他形式作为植物生长的载体，向空间发展，充分利用温室空间和太阳能，发挥有限地面的生产潜力的一种无土栽培形式。主要种植一些如生菜、草莓等矮秧类作物，可以提高土地利用率 3～5 倍，提高单位面积产量 2～3 倍。

20 世纪 60 年代，立体无土栽培在发达国家首先发展起来，美国、日本、西班牙、意大利等研究开发了不同形式的立体无土栽培，如多层式、悬垂式、香肠式、单元叠加式等。我国自 20 世纪 90 年代起开始研究推广此项技术，立体无土栽培因其高科技、新颖、美观等特点而成为观光农业的首选项目。

我国常见的立体栽培有柱状栽培、吊袋状栽培、盆钵式栽培和报架式栽培等。

1. 柱状栽培

栽培柱采用聚苯乙烯泡沫槽或硬质塑料管，在管的四周按螺旋位置开孔，植株种植在孔中的基质中，也可采用专用的无土栽培柱，栽培柱由若干个短的模型管构成，如图5－16所示。每一个模型管上有几个突出的杯状物，用以种植植物。可采用底部自下而上或从上部滴灌供液，一般营养液不循环利用。

图 5－16　柱状栽培

2. 吊袋状栽培

吊袋状栽培是柱状栽培的简化，如图 5－17 所示。这种装置除了用聚乙烯袋代替硬管外，其他都相同。栽培袋采用 ø15 cm、厚 0.15 mm 的聚乙烯筒膜，长度一般为 2 m，底端结紧以防基质落下，从上端装入基质成为香肠的形状，供应是用安装在每一个袋顶部的滴灌系统进行的，营养液从顶部灌入，通过整个栽培袋向下渗透。营养液不循环利用，从顶端渗透到袋的底部，即从排水孔中排出。每月要用清水洗盐 1 次，以清除可能集结的盐分。

图 5－17　吊袋状栽培

3. 盆钵式栽培

盆钵式栽培所用的栽培槽是专用的塑料盆钵，为五瓣体梅花状，生产时将一个个定型的塑料盆填装基质直接上下叠放，栽培孔交错排列，保证作物均匀受光，每排盆钵的间距 80～120 cm，相邻两个盆钵的间距 50～80 cm，立柱所在的地面建成排水沟，便于多余的营养液排出温室外，固定柱预埋于地下水泥墩中，如图 5－18 所示。立体盆钵栽培一般采用滴灌由顶部自上而下供液。也有由底部自下而上的供液方式。供液毛管一端与支管相连，另一端从上到下或从下到上穿入立柱中心的空腔，在上下盆钵的叠放的空隙处连接一个滴头，对每个盆钵进行滴灌供液。

图 5－18　盆钵式栽培

4. 报架式栽培

报架式基质栽培将直径为1～16 cm的PVC塑料管剖成两半作栽培容器，按80 cm距离架设于空中成呈斜梯形，如图5－19所示。槽中装入基质，以滴灌供液。这种栽培形式适合栽培小型的蔬菜作物，可以充分地利用空间。栽培管理与水培相比简单方便。

图5－19　**报架式栽培**

（四）有机生态型无土栽培

1. 有机生态型无土栽培的特点

有机生态型无土栽培技术是指不用天然土壤，而使用基质，不用传统的营养液灌溉植物根系，而使用有机固态肥并直接用清水灌溉作物的一种无土栽培技术。与传统无土栽培相比有如下优点：

(1) 用有机固态肥取代传统的营养液，产品质优，可达“绿色食品”标准：在作物的整个生长期中，可隔几天分若干次将固态肥直接追施于基质表面上，以保持养分的供应强度。

(2) 操作管理简单：有机生态型无土栽培因采用基质栽培及施用有机肥，各种营养元素齐全，大大地简化了操作管理过程。

(3) 大幅度降低无土栽培设施系统的一次性投资：由于有机生态型无土栽培不使用营养液，从而可全部取消配制营养液所需的设备、测试系统、定时器、循环泵等设施。

(4) 对环境无污染：在无土栽培的条件下，灌溉过程中20%左右的水或营养液排到系统外，但排出液中盐浓度过高，会污染环境。有机生态型无土栽培系统排出液中硝酸盐的含量只有1～4 mg/L，对环境无污染。

2. 有机生态型无土栽培的设施构造

有机生态型无土栽培系统采用基质槽培的形式。可选用当地易得的材料建槽，如用木板、木条、竹竿甚至砖块做成边框，槽边框高15～20 cm，保持基质不散落到走道上。槽框建好后，在槽的底部铺一层0.1 mm厚的聚乙烯塑料薄膜，以防止土壤病虫传染，槽宽依不同栽培作物而定，单个棚室建成独立的供水系统，可铺设滴灌带1～2根。

3. 营养管理

为了在作物整个生育期内均处于最佳供肥状态，通常依作物种类及所施肥料的不同，将肥料分期施用。作物定植之前，应先在基质中混入一定量的肥料作基肥，以后每隔10～15天追肥一次，均匀地撒在离根5 cm以外的周围。基肥与追肥的比例为25∶75至60∶40，追肥次数以所种作物生长期的长短而定。

任务4　水培

水培是植物一部分根系浸润在营养液中，而另一部分根系裸露在潮湿的空气中的一类无土栽培方法。

一、水培的分类

水培根据其营养液液层的深度、设施结构和供氧及供液等管理措施的不同，经过发展和改良，目前在生产上常见的有以下六种类型。

（一）深液流水培技术（Deep Flow Technique，DFT）

营养液液层较深，4～10 cm，植物由定植板或定植网框悬挂在营养液液面上方，而根系从定植板或定植网框伸入营养液中，有时也称深水培技术。

（二）营养液膜技术（Nutrient Film Technique，NFT）

营养液液层较浅，1～2 cm，植株直接放在种植槽槽底，根系在槽底生长，而营养液以一浅层在槽底流动，有时也称浅水培技术。

（三）浮板毛管水培技术（Floating Capillay Hydroponics，FCH）

营养液液层深度介于深液流水培技术和营养液膜技术之间，3～6 cm，在深水培栽培槽内营养液的液面漂浮一块聚苯乙烯泡沫浮板，浮板上铺上无纺布，其两头垂入营养液中，通过分根法和毛管作用，使一部分根系吸收氧气，另一部分根系伸入深层营养液中吸收养分和水分。

（四）深水漂浮栽培技术（Deep Water Floating System）

整个温室全部建成一个深的水池，水池中全部装入营养液，植株通过漂浮板直接漂浮在营养液上进行生长，植株根系全部浸没在营养液中。

（五）小型水培装置

这种装置主要用于家庭栽培、教学或科研，大多结构简单，只需一个盛放营养液的容器，再加上其他配件即可。

（六）雾培技术

雾培是指植物根系生长在雾状营养液环境中的一类无土栽培方法。

二、深液流水培技术（DFT）

深液流水培技术是最早开发成可以进行农作物商品生产的无土栽培技术。从20世纪30年代至今，通过改进，被认为是比较适用于第三世界国家的类型。DFT在日本普及推广，我国的台湾、广东、山东、福建、上海、湖北、四川等省市也有一定的推广面积，成功地生产出番茄、黄瓜等果菜类和莴苣、茼蒿等叶菜类蔬菜。

（一）设施结构

深液流水培设施一般由种植槽、定植板、储液池、营养液循环供液系统四大部分组成，如图5-20所示。由于建造材料的不同和设计上的差异，已有多种类型问世。我国常见的是用改进型神园式水泥构件制成。

图5-20　深液流水培设施

1. 种植槽

种植槽一般宽度为80～100 cm，槽深15～20 cm，槽长10～20 m。水泥砖砌成结构永久固定的设施。槽底用5 cm厚的水泥混凝土制成，然后在槽底的基础上用水泥砂浆将火砖结合成槽周框，再用高强度等级耐酸抗腐蚀的水泥砂浆抹面，以达到防渗防蚀的效果（见图5-21）。这种槽不用内垫塑料薄膜，直接盛载营养液进行栽培，但一定要选用耐酸抗腐蚀的水泥材料。其优点是可自行建造，管理方便，耐用性强，造价低。缺点是不能拆卸搬迁，为永久性建筑，槽体比较沉重，必须建在坚实的地基上，否则会因地基下陷造成断裂渗漏。种植槽的横切面见图5-22。

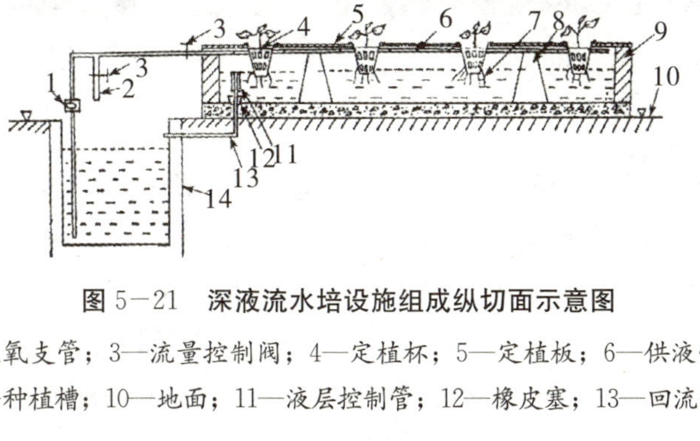

图5-21　深液流水培设施组成纵切面示意图

1—水泵；2—充氧支管；3—流量控制阀；4—定植杯；5—定植板；6—供液管；7—营养液；8—支撑墩；9—种植槽；10—地面；11—液层控制管；12—橡皮塞；13—回流管；14—储液池

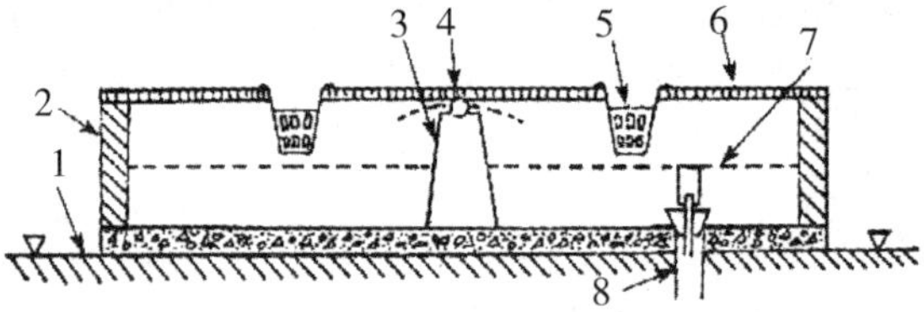

图 5－22　种植槽横切面示意图

1—地面；2—种植槽；3—支撑墩；4—供液管；5—定植杯；
6—定植板；7—液面；8—回流及液层控制装置

2. 定植板与定植杯

定植板用硬聚苯乙烯板泡沫块制成，厚 2～3 cm，长度一般为 150 cm，视工作方便而伸缩，定植板一块接一块地将整条种植槽盖住，使光线透不进槽内，如图 5－23 所示。板面开若干个定植孔，孔径为 5～6 cm。定植孔内嵌一只塑料定植杯，定植杯高 7.5～8.0 cm，杯口的直径与定植孔相同，杯口外沿有一宽约 5 mm 的唇，以卡在定植孔上，不掉进槽底。杯的下半部及底部开有许多直径 3 mm 的孔，如图 5－24 所示。定植板的宽度与种植槽外沿宽度一致，使定植板的两边能架在种植槽的槽壁上，这样可使定植板连同嵌入板孔中的定植杯悬挂起来，植株的重量由定植板和槽壁所承担。

图 5－23　定植板

图 5－24　定植杯

3. 储液池

储液池是储存和供应营养液的容器，是为增大营养液的缓冲能力，为根系创造一个较稳定的生存环境而设的，如图 5－25 所示。其功能主要有：①增大每株占有营养液量而又不致使种植槽的深度建得太深，使营养液的浓度、pH 值、溶存氧、温度等较长期地保持稳定；②便于调节营养液的状况，如调节液温等。如无储液池而直接在种植槽内增减温度，势必要在种植槽内安装复杂的

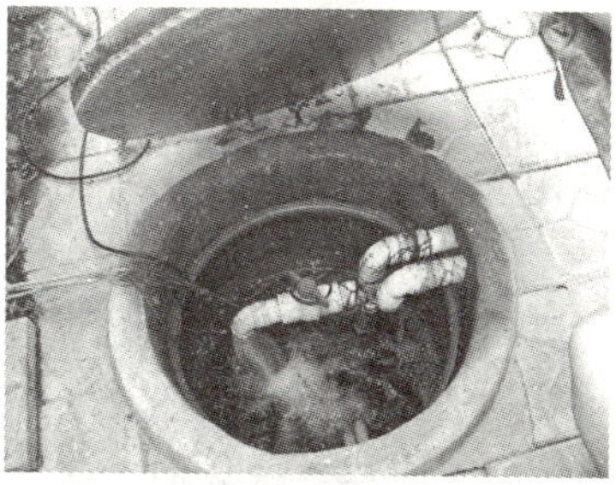

图 5－25　储液池

管道，既增加了费用，又造成了管理不便。又如调 pH，如无储液池，势必将酸碱母液直接加入槽内，容易造成局部过浓的危险。

储液池（槽）的容积由栽培形式、栽培作物的种类和面积来确定。DFT 水培时，按大株型的番茄、黄瓜等每株需 15～20 L 的营养液，小株型的叶菜类每株需 3 L 左右的营养液来推算出全温室（大棚）的总需液量后，再按总营养液量的 1/2 存于储液池计算出储液池的最低容积限量。NFT 水培时，按大株作物如番茄、黄瓜等以每株需 5 L 营养液，小株作物每株需 1 L 营养液来推算出储液池（槽）的最低容积限量（推算方法同 DFT 水培）。容量以足够供应整个种植面积循环供液之需为度。一般每 667 m^2 栽培面积需要 20～25 m^3 的储液池。1 栋温室 1 个储液池。虽然增加储液量有利于营养液的稳定，但建设投资也增加。

我国南方将储液池设在棚室外，也可多栋大棚共用一个储液池。营养液池内设水位标记，便于管理营养液池的水位。营养液储液池的形状多为长方形底部倾斜式，比较适用。回水管的位置要高于营养液面，利用落差将营养液注入池中溅起水泡给营养液加氧。营养液池内安装不锈钢螺旋管，应用暖气给营养液加温，或用电热管给营养液加温，用控温器控制营养液液温。实践证明，冬春对营养液加温可提高产量 5%以上，但营养液温度超过 35℃时，对作物的根系和植株生长不利，可利用螺旋管循环地下水降温。

营养液储液池（槽）必须加盖，防止污物泥土掉入池内，同时避免阳光对营养液的直射，以防止藻类滋生，因为它不仅会污染营养液和堵塞管道，而且会传播病害。

4. 循环供液系统

循环供液系统包括供液管道、回流管道、水泵及定时器，所有管道均用塑料制成。

（1）供液管道：由水泵从储液池中将营养液抽起后，分成两条支管，每支管各自有阀门控制。一条支管转回储液池上方，将一部分营养液喷回池中作增氧用，若要清洗整个种植系统时，此管可作彻底排水之用；另一条支管接到总供液管上，总供液管再分出许多分支通到每条种植槽边，再接上槽内供液管。槽内供液管为一条贯通全槽的长塑料管，其上每隔一定距离开有喷液小孔，使营养液均匀分到全槽。

在槽宽为 80～90 cm 的种植槽内的供液管，用 ø25 mm 的聚乙烯硬管制成，每距45 cm开一对孔径为2 mm的小孔，位置在管的水平直径线以下的两侧，小孔至管圆心线与水平直径之间的夹角为45°，每条种植槽的供液管在其进槽前设有控制阀门，以便调节流量，如图5－26所示。

图5－26　供液管道

（2）回流管道及种植槽内液位调节装置：在种植槽的一端底部设一回流管，管口与槽底面持平，管下段埋于地下，外接到总回流管上去。槽内回流管口如无塞子塞住，进入槽内的营养液可彻底流回储液池中。为使槽内存留一定深度的营养液，要用一段带橡胶塞的液面控制管塞住回流管口。当液面由于供液管不断供液而升高，超过液面控制管的管口时，便通过管口回流。另外可在液面控制管的上段再套上一段活动的胶管，将其提高，液面随之升高；将其压低，液面随之下降。液面控制管外再套上一个宽松的围堰圆筒（用塑料制成，筒内径比液面控制管大1倍即可），筒高要超过液面控制管管口，筒脚有锯齿状缺口，使营养液回流时不能从液面流入回流管口，迫使营养液从围堰脚下缺口通过才转上回流管口，这样可使供液管喷射出来的富氧营养液驱赶槽底原有的比较缺氧的营养液回流，同时围堰也可阻止根系长入回流管口。若将整个带胶塞的液面控制管拔去，槽内的营养液便可彻底排净，如图5－27所示。

(a)　　(b)

图5－27　回流管道

每条槽的回流管道与总回流管道的直径应根据进液量来确定。回流管的直径应大到足以及时排走需回流的液量，以避免槽内进液大于回液而泛滥。

（二）栽培管理技术要点

1. 种植槽处理

（1）新建种植槽的处理：新建成的水泥结构种植槽和储液池会有碱性物质渗出，要用稀硫酸或磷酸浸渍中和，除去碱性后才开始使用。开始时先用水浸渍数天，洗刷去大部分碱性物质，然后再放酸液浸渍，开始时酸液调至 pH=2 左右，浸渍时 pH 值会再度升高，应继续加酸进去，浸渍到 pH 值稳定在 6～7 之间，排去浸渍液，用清水冲洗 2～3 次即可。

(2) 换茬阶段的清洗与消毒：①定植杯的清洗与消毒：用含 0.3%～0.5%有效氯的次氯酸钠或次氯酸钙溶液浸泡定植杯消毒，浸泡 1 天后将石砾及杯捞起，用清水冲洗掉消毒液待用。如当地小石砾价格很便宜，用过的小石砾可弃去，以省清洗消毒费用，只捡回定植杯重新使用；②定植板的清洗与消毒：用刷子在水中将贴在板上的残根冲刷掉，然后将定植板浸泡于含 0.3%～0.5%有效氯的次氯酸钠或次氯酸钙溶液中，使湿透后捞起，一块块叠起，再用塑料薄膜盖住，保持湿润 30 min 以上，然后用清水冲洗待用；③种植槽、储液池及循环管道的消毒：用含 0.3%～0.5%有效氯的次氯酸钠或次氯酸钙溶液喷洒槽、池内外所有部位，使之湿透（每平方米约用 250 mL），再用定植板和池盖板盖住保持湿润 30 min 以上，然后用清水洗去消毒液待用。全部循环管道内部用含 0.3%～0.5%有效氯的次氯酸钠或次氯酸钙溶液循环流过 30 min，循环时不必在槽内留液层，让溶液喷出后即全部回流，并可分组进行，以节省用液量。

2. 栽培管理

(1) 栽培作物种类的选定：进行水培生产时，应选用一些较适应水培的作物种类来种植，如番茄、黄瓜、直叶莴苣、生菜、芹菜等，以取得水培的成功。在没有控温的大棚内种植，要选用完全适应当季生长的作物来种植。

图 5-28　**定植**

(2) 育苗：采用基质穴盘育苗，育出幼苗。

(3) 定植：定植时可以用非石灰质的小石砾（粒径以大于定植杯下部小孔为宜）或海绵固定植株，在定植杯底部先垫入 1～2 cm 的小石砾，以防幼苗的根颈直压到杯底，然后从育苗穴盘中将幼苗带基质拔出，移入定植杯中（也可清洗掉根上的基质），再在幼苗根团上覆盖一层小石砾稳住幼苗；也可将海绵包裹住植株的根颈部，放入定植杯中，如图 5-28 所示。

(4) 过渡槽内集中寄养：幼苗移入定植杯后，本可随即移入种植槽上的定植板孔中，成为正式定植，但定植板的孔距是按植株长大后需占的空间而定的，遇上幼苗太细，很久才长满空间。为了提高温室及水培设施的利用率，将已移入定植杯内的很细小的幼苗，密集置于一条过渡槽内，不用定植板直接置于槽底，作过渡性寄养。槽底放入营养液1～2 cm深，使能浸住杯脚，幼苗即可吸到水分和养分，迅速长大并有一部分根伸出杯外，待长到有足够大的株形时，才正式移植到种植槽的定植板上。移入后很快就长满空间（封行）达到可以收获的程度，大大缩短了占用种植槽的时间。这种集中寄养的方法对生长期较短的叶菜类是很有用的，对生长期很长的果菜类用处不大。

（5）定植后的管理：当定植初期根系未伸出杯外或只有几条伸出时，要求液面能浸住杯底1～2 cm，以使每一株幼苗有同等机会及时吸到水分和养分。这是保证植株生长均匀、不致出现大小苗现象的关键措施。但也不能将液面调得太高，以致贴住定植板底，妨碍氧气向液中扩散，同时也会浸住植株的根颈，使其窒息死亡。

当植株发出大量根群深入营养液后，液面随之调低，空间得以扩大，露于湿润空气中的根段就较长，这对解决根系呼吸需氧是相当有用的。在这种情况下，根段会重新长出许多根毛，这些有许多根毛的根段不能再被营养液淹浸太久，否则就会坏死而伤及整个根系，所以液面不能无规则地任意升降。原则上液面降低以后，若上部的根段已产生大量根毛，液面就稳定在这个水平。此外，还要注意使存留于槽底的液量满足植株2～3天吸水的需要，不能降得维持不了植株1天的吸水量。

（三）特点

1. 优点

（1）液层深根系伸展到较深的液层中，单株占液量较多。由于液量多而深，营养液的浓度（包括总盐分、各养分）、溶存氧、酸碱度、温度以及水分等都不易发生急剧变动，为根系提供了一个较稳定的生长环境。这是深液流水培的突出优点。

（2）悬挂栽培植株悬挂于定植板，有半水培半气培的性质，较易解决根系的水气矛盾。

（3）营养液循环流动能增加营养液中的溶存氧；消除根表有害代谢产物（最明显的是生理酸碱性）的局部累积；消除根表与根外营养液的养分浓度差，使养分能及时送到根表，更充分地满足植物的需要；促使因沉淀而失效的营养物重新溶解，以阻止缺素症的发生。因此，即使是栽培沼泽性植物或能形成氧气输导组织的植物，也有必要使营养液循环流动。

（4）适宜栽培的作物种类多，除块根、块茎类作物之外，几乎所有的果菜类和叶菜类都可栽培。

（5）养分利用率高，可达90%～95%以上，不会或很少污染周围环境。

2. 缺点

（1）投资较大，成本高，特别是永久式的深液流水培设施比拼装式的更高。

（2）技术要求较高。深液流水培的技术比基质栽培要求高，但比营养液膜技术要求低。

（3）病害易蔓延。由于深液流水培是在一个相对封闭的环境下进行，营养液循环使用，一旦发生根系病害，易造成相互传染，甚至导致栽培失败。

技能训练　生菜的深液流水培

（一）制订生产计划

通过市场调研，掌握生菜的类型与品种、市场价格及上市时间，查找相关资料了解生菜的生长习性，掌握深液流水培的栽培管理要点，制订生菜深液流水培的生产计划。

无土栽培的生菜应选用早熟、耐热、耐抽薹、抗病性强的品种，无土栽培常见的品种有太湖366、意大利生菜、迷你型生菜、紫色生菜、特皱红等。

（二）准备材料

1. 种子

散叶生菜定植密度一般为每平方米30～35株，每667 m^2大棚可种植2万株左右的生菜，生菜种子千粒重0.8～1.2 g，因此需生菜种子40 g左右。

2. 基质

由于生菜种子较小，采用基质苗床育苗，苗床面积按栽苗面积的1/8比例准备，因此每667 m^2大棚应准备约74 m^2左右的苗床。苗床铺设深度为5 cm左右，共需基质4 m^3，苗床以草炭、蛭石、珍珠岩按5∶1∶1的比例混合，因此需草炭、蛭石、珍珠岩分别为2.6 m^3、0.6 m^3、0.6 m^3。

3. 肥料

复合肥20 kg，有机肥100 kg。

（三）育苗

1. 种子处理

生菜种子发芽时对温度要求较低，4℃左右种子就可萌发，故在3月即可播种，播种前用20℃左右的清水浸泡种子3～4 h，沥干后，放入纱布上，在15～20℃下催芽，2～3天即可出芽。

2. 准备苗床

播前将草炭、蛭石、珍珠岩按5∶1∶1混合后，每立方米加入15∶15∶

15 的三元复合肥 0.7～1.2 kg，及基质与有机肥按 6∶4 的比例加入充分腐熟的优质有机肥。为防止土传病菌，再用万分之五的敌克松或多菌灵消毒后，装入苗床内，浇透水。

3. 播种

将种子均匀地撒播到苗床上，由于生菜种子发芽具有需光特性，因此种子播后不宜覆盖过厚。播种后可覆盖地膜保温保湿。

4. 苗期管理

待菜苗出苗后，及时揭膜，通过低温锻炼，抑制幼苗徒长，提高抗寒性。三叶期前只浇清水，其后可用 0.1%的磷酸二氢钾和 0.3%的尿素水溶液叶面追肥 1～2 次或每隔 2 天喷施 0.5 个剂量的园试配方营养液，增产效果显著。苗期无须间、定苗，为保证制种纯度，2～4 片真叶时，应及时拔除畸形苗和杂苗。

（四）生产管理

1. 定植

当生菜苗龄达到 25～30 天，具有 5～6 片真叶时即可定植。定植后将营养液的水位调高至浸没杯底 1～2 cm。定植密度为 30～35 株/m^2。

2. 定植后的管理

营养液可选用日本园试配方 1/2 剂量，日本山崎莴苣配方。营养液浓度也可为 2.0 mS/cm。每隔 20 天补充一次营养液，可用 EC 值来确定，当 EC 值降低到初始 EC 值的 1/3～1/2 时，应补充营养液。一株生菜整个生育期约耗液 2.5 L 左右。生菜栽培一般不必更换营养液，收获前一周不必再补充营养液，这样不会降低产量，但可显著降低硝酸盐含量。

（五）采收

待长出 15～17 片真叶，心叶稍向侧偏卷，株重 80 g 左右时，即可采收。全生育时期春、秋季 40～45 d，夏季 30～35 d，冬季 50～55 d。

三、营养液膜技术（NFT）

营养液膜技术是一种将植物种植在浅层流动的营养液中的水培方法。它是由英国温室作物研究所的库柏（A. J. Cooper）在 1973 年发明的。1979 年以后，该技术迅速在世界范围内推广应用。据 1980 年的资料记载，当时已有 68 个国家正在研究和应用该技术进行无土栽培生产，我国在 1984 年也开始开展这种无土栽培技术的研究和应用工作，效果良好。

（一）设施结构

NFT 的设施主要由种植槽、储液池、营养液循环流动装置三个部分组成。

此外，还可以根据生产实际和资金的可能性，选择配置一些其他辅助设施，如浓缩营养液储备罐及自动投放装置、营养液加温、冷却装置等。

1. 种植槽

NFT的种植槽按种植作物种类的不同，可分为两类：一是栽培大株型作物用的，二是栽培小株型作物用的。

（1）栽培大株型作物用的种植槽：这种槽是用0.1～0.2 mm厚的面白底黑的聚乙烯薄膜临时围合起来的等腰三角形槽，槽长20～25 m，槽底宽25～30 cm，槽高20 cm。取一幅宽75～80 cm，长21～26 m的上述薄膜，铺在预先平整压实的且有一定坡降的（1∶75左右）地面上，长边与坡降方向平行，如图5－29所示。定植时将带有苗钵的幼苗置于膜宽幅的中央，排成一行，然后将膜的两边拉起，使膜幅中央有20～30 cm的宽度紧贴地面，拉起的两边合拢起来用夹子夹住，成为一条高20 cm的等腰三角形槽。植株的茎叶从槽顶的夹缝中伸出槽外，根部置于不透光的槽内底部。

图5－29　大型作物种植槽

营养液在槽内以1～2 cm的浅层从高端向低端流动。在槽底宽20～30 cm，槽长不超过25 m的槽内，每分钟注入2～4 L营养液即可。

为改善作物的吸水和通气状况，可在槽内底部铺垫一层无纺布，其作用主要是：①浅层营养液直接在塑料薄膜上流动会产生乱流，在植株幼小时，营养液会流不到根系中去，造成缺水。无纺布可使营养液扩散到整个槽底部，保证植株吸到水分。②根系直接贴住塑料薄膜生长，植株长到足够大时，根量多，重量大，会形成一个厚厚的根垫，与塑料薄膜贴得很紧，营养液在根的底部流动不畅，造成根垫底下缺氧，容易出现坏死。有一层根系穿不过无纺布，根只能长在无纺布上面，根与塑料薄膜之间隔一层无纺布，营养液可在其间流动，解决了根垫底缺氧问题。③无纺布可吸持大量水分，当停电断流时，可缓解作物缺水而迅速出现萎蔫的危险。

（2）栽培小型作物用的种植槽：这种槽是用塑料或聚苯乙烯泡沫板做成的，如图5－30所示。打上定植孔即可，目前已有专业生产的种植槽。

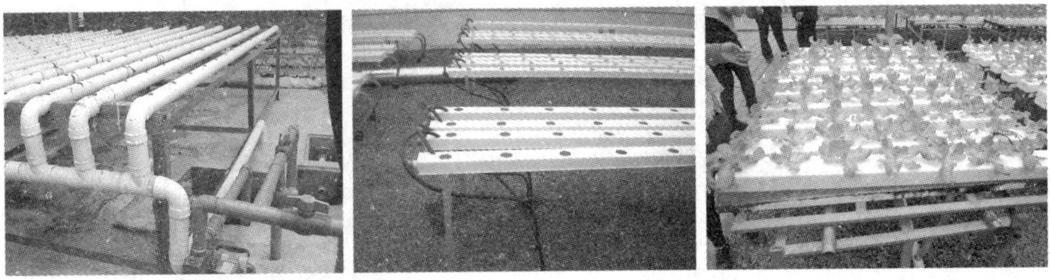

图 5−30　小型作物种植槽

2. 储液池

与深液流水培一样。

3. 营养液循环流动装置

主要由水泵、管道及流量调节阀等组成。

图 5−31　供液管道

水泵与深液流水培一样。管道应采用塑料管道，以防止腐蚀。管道安装时要严格密封，最好采用牙接而不用套接。同时尽量将管道埋于地面以下，一方面方便工作，另一方面避免日光照射而加速老化。管道一般是从水泵接出主管，在主管上接出支管，如图 5−31 所示。

4. 自动调控系统

NFT 因营养液用量少，致使营养液变化比较快，必须经常进行调节。为减轻劳动强度并使调节及时，可选用一些自动化控制的辅助设施进行自动调节。但即使不用这些辅助设施，用人工调节也同样能进行正常的生产，不过比较麻烦罢了。辅助设施包括定时器、电导率（EC）自动控制、pH 自控装置、营养液温度调节装置和安全报警器等，如图 5−32 所示。

（1）定时器：间歇供液是 NFT 水培特有的管理措施。通过在水泵上安装一个定时器，从而实现间歇供液的准确控制。但设定间歇的时间要符合作物生长实际。

（2）电导率（EC）自控装置：由电导率（EC）传感器和控制仪表及浓缩营养液罐（分 A、B 两个）加注入泵组成。当 EC 传感器感应到营养液的浓度降低到设定的限度时，就会由控制仪表指令注入泵，将浓缩营养液注入储液池中，使营养液的浓度恢复到原先的浓度；反之，如营养液的浓度过高，则会指令水源阀门开启，加水冲稀营养液，使其达到规定的浓度。

（3）pH 自控装置：由 pH 传感器和控制仪表及带注入泵的浓酸（碱）储存罐组成，其工作原理与 EC 自控装置相似，一般为硝酸、磷酸或浓碱（一般用氢氧化钠，有时也用氢氧化钾）。

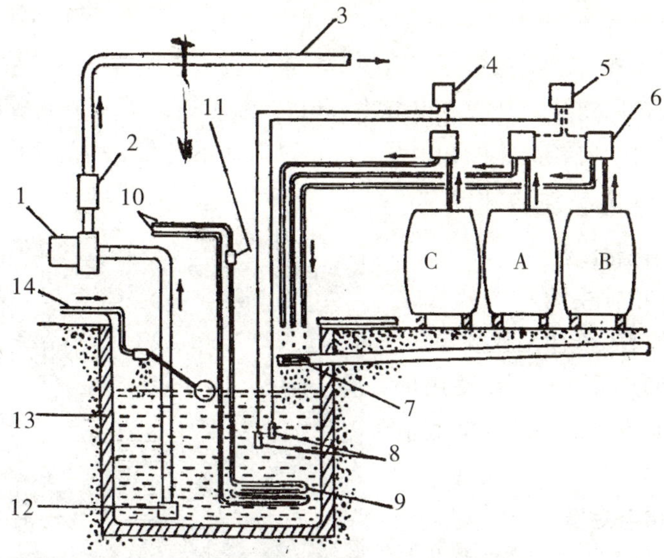

图 5-32　NFT 营养液自动控制装置示意图

A、B：浓缩营养液储罐；C：浓酸（碱）储罐

1—泵；2—定时器；3—供液管；4—pH 控制仪；5—EC 控制仪；6—注入泵；7—营养液回流管；8—EC 及 pH 感应器；9—加温或冷却管；10—暖气（冷水）来回管；11—暖气（冷水）控制阀；12—水泵滤网；13—储液池；14—水源及浮球

（4）营养液的加温和冷却装置：液温太高或太低都会抑制作物的生长，通过调节液温以改善作物的生长条件，比对大棚或温室进行全面加温或降温要经济得多。

营养液温度控制装置主要由加温装置或降温装置及温度自控仪两部分组成。

具体做法是：种植槽采用隔热性能高的材料建造，如泡沫塑料板块、水泥砖块等；加大每株的用液量，提高营养液对温度的缓冲能力；设深埋地下的储液池。

营养液加温可采取在储液池中安装不锈钢螺纹管，通过循环于其中的热水加温或用电热管加温。热水来源于锅炉加热、地热或厂矿余热加温。最经济的强制冷却降温方法是抽取井水或冷泉水通过储液池中的螺纹管进行循环降温。

无土栽培中应综合考虑营养液的光、温状况，光照强度高，温度也应该高，光照强度低，温度也要低，强光低温不好，弱光高温也不好。

（5）安全装置：NFT 的特点决定了种植槽内的液层很薄，一旦停电或水泵故障而不能及时循环供液，很容易因缺水而使作物萎蔫。有吸水无纺布做槽底衬垫的番茄，在夏季条件下，停液 2 h 即会萎蔫。没有无纺布衬垫的种植槽种植叶菜，停液 30 min 以上即会干枯死亡。因此，NFT 系统必须配置备用电机和水泵。此外，还要在循环系统中安装报警装置，使得发生水泵失灵时能及时发出警报，以便及时补救。电导率、pH、温度等自动调节装置的质量要灵敏而稳定，每天要经常监视其是否失灵，以保证不出错乱而危害作物。

（二）栽培管理技术要点

1. 种植槽处理

对于新槽，主要检查槽底是否平顺，塑料薄膜有无破损渗漏。换茬后重新使用的槽，在使用前注意检查有无渗漏，并要彻底清洗和消毒，如图 5－33 所示。

图 5－33　营养液膜栽培

2. 育苗与定植

（1）大株型种植槽的育苗与定植：因 NFT 的营养液层很浅，定植时作物的根系都置于槽底，故定植的苗都需要带有固体基质或有多孔的塑料钵以锚定植株。育苗时就应用固体基质块或用多孔塑料钵育苗，定植时不要将固体基质块或塑料钵脱去，连苗带钵（块）一起置于槽底。

大株型种植槽的三角形槽体封闭较高，故所育成的苗应有足够的高度才能定植，以便置于槽内时苗的茎叶能伸出三角形槽顶的缝以上。

（2）小株型种植槽的育苗与定植：可用岩棉块或海绵块育苗。规格大小以可旋转入定植孔、不倒卧于槽底即可，也可用无纺布卷成或岩棉切成方条块育苗。在育苗条块的上端切一小缝，将催芽的种子置于其中，密集育成 2～3 叶的苗，然后移入定植孔中。定植后要使育苗条块触及槽底而幼叶伸出板面之上。

3. 营养液的配制与管理

（1）营养液配方的选择：由于 NFT 系统营养液的浓度和组成变化较快，因此要选择一些稳定性较好的营养液配方。

（2）供液方法：NFT 的特点是液层要很浅，不超过 1.0～2.0 cm。这样浅的液层，其中含有的养分和氧很容易被消耗到很低的程度。当营养液从槽头一端输入，流经一段相当长的路程（以 25 m 计算）以后，许多植株吸收了其养分和氧，这样从槽头的一株起，依次吸到槽尾的一株时，营养液中的养分和氧已所剩不多，造成槽头与槽尾的植株生长差异很大。当供液量有一定限度时，就会造成对产量的影响。

NFT 在槽长超过 30 m 以上，而植株又较密的情况下，要采用间歇供液法，以解决根系需氧的问题。这样，NFT 的供液方法就派生为两种，即连续供液法和间歇供液法。

连续供液法是指营养液一天内均不断流入种植槽中的供液形式，连续供液的供液量可在 2～4 L/min 的范围内，随作物的长势而变化。原则上白天、黑夜均需供液。如夜间停止供液，则抑制了作物对养分和水分的吸收（减少吸收 15%～30%），可导致作物减产。

间歇供液法是解决 NFT 系统中因槽过长、株过多而导致根系缺氧的有效方法。此外，在正常的槽长与正常的株数情况下，间歇供液的产量和果实重量比连续供液的高。间歇供液在供液停止时，根垫中大孔隙里的营养液随之流出，通入空气，使根垫里直至根底部都吸到空气中的氧，这样就增加了整个根系的吸氧量。

间歇供液开始的时期，以根垫形成初期为宜。根垫未形成（即根系较少，没有积压成一个厚层）时，间歇供液没有什么效果。

间歇供液的程度，如在槽底垫有无纺布的条件下种植番茄，夏季每 1 h 供液 15 min，停供 45 min；冬季每 2 h 供液 15 min，停供 105 min，如此反复日夜供液。这些参数要结合作物具体长势与气候情况而调整。停止供液的时间不能太短，如小于 35 min，则达不到补充氧气的作用；但也不能停得太长，太长会使作物缺水而萎蔫。

（3）液温的管理：各种作物对液温的要求有差异，以夏季不超过 28～30℃，冬季不低于 12～15℃为宜。

（4）营养液的补充与更换：一般生长期达到 6 个月的作物的番茄、辣椒等，营养液 2～3 个月更换一次，而生长期短的叶菜类蔬菜，种植 1～2 茬后更换。

（三）特点

1. 优点

（1）设施投资少，施工容易、方便。NFT 的种植槽是用轻质的塑料薄膜制成或用波纹瓦拼接而成的，设施结构轻便、简单，安装容易，便于拆卸，投资成本低。

（2）液层浅且流动。营养液液层较浅，作物根系部分浸在浅层营养液中，部分暴露于种植槽内的湿气中，并且浅层的营养液循环流动，可以较好地解决根系呼吸对氧的需求。

（3）易于实现生产过程的自动化管理。

2. 缺点

(1) NFT 的设施虽然投资少，施工容易，但由于其耐用性差，后续的投资和维修工作频繁。

(2) NFT 液层浅和间歇供液，较好地解决了根系需氧问题，但根际环境稳定性差，对管理人员的技术水平和设备的性能要求较高。

(3) 要使管理工作既精细又不繁重，势必要采用自动控制装置，从而需增加设备和投资，推广面受到限制。

(4) NFT 为封闭的循环系统，一旦发生根系病害，较容易在整个系统中传播、蔓延。因此，在使用前对设施的清洗和消毒的要求较高。

技能训练　芹菜的营养液膜栽培技术

（一）制订生产计划

通过市场调研，掌握芹菜的类型与品种、市场价格及上市时间，查找相关资料了解芹菜的生长习性，掌握营养液膜的栽培管理要点，制订芹菜营养液膜水培的生产计划。

无土栽培的芹菜应选用早熟、耐热、耐抽薹、抗病性强的品种，无土栽培常见的品种有二黄芹、小香芹、白芹、玻璃脆芹等。

（二）准备材料

1. 种子

芹菜定植密度一般为每平方米 30～35 株，每标准大棚可种植 2 万株左右的生菜，芹菜种子千粒重 0.5～1.6 g，因此需芹菜种子 30 g 左右。

2. 基质

由于芹菜种子较小，采用基质苗床育苗，苗床面积按栽苗面积的 1/8 比例准备，因此一个标准大棚应准备约 24 m^2 左右的苗床，苗床铺设深度为 5 cm 左右，共需基质 1.4 m^3，苗床以草炭、蛭石、珍珠岩按 5∶1∶1 的比例混合，因此需草炭、蛭石、珍珠岩分别为 1.0 m^3、0.2 m^3、0.2 m^3。

3. 肥料

复合肥 2 kg，少量有机肥。

（三）育苗

1. 种子处理

芹菜种子发芽时对温度要求较低，4℃左右种子就可萌发，故在 3 月即可播种，播种前用 20℃左右的清水浸泡种子 3～4 h，沥干后，放入纱布上，在 15～20℃下催芽，2～3 天即可出芽。

2. 准备苗床

播前将草炭、蛭石、珍珠岩按 5∶1∶1 混合后，每立方米加入 15∶15∶15 的三元复合肥 0.7～1.2 kg，及基质与有机肥按 6∶4 的比例加入充分腐熟的优质有机肥，为防止土传病菌，再用万分之五的敌克松或多菌灵消毒后，装入苗床内，浇透水。

3. 播种

将种子均匀地撒播到苗床上，由于芹菜种子发芽具有需光特性，因此种子播后不宜覆盖过厚。播种后可覆盖地膜保温保湿。

4. 苗期管理

待菜苗出苗后，及时揭膜，通过低温锻炼，抑制幼苗徒长，提高抗寒性。三叶期前只浇清水，其后可用 0.1%的磷酸二氢钾和 0.3%的尿素水溶液叶面追肥 1～2 次或每隔 2 天喷施 0.5 个剂量的园试配方营养液，增产效果显著。苗期无须间、定苗，为保证制种纯度，2～4 片真叶时，应及时拔除畸形苗和杂苗。

（四）生产管理

1. 定植

当芹菜苗龄达到 25～30 天，具有 5～8 cm 高时即可定植。定植后将营养液的水位调高至浸没杯底 1～2 cm。定植密度为 30～35 株/m^2。

2. 定植后的管理

营养液可选用日本园试配方 1/2 剂量。营养液浓度也可为2.0 mS/cm。每隔 20 天补充一次营养液，可用 EC 值来确定，当 EC 值降低到初始 EC 值的 1/3～1/2 时，应补充营养液。一株芹菜整个生育期约耗液 2.5 L 左右。芹菜栽培一般不必更换营养液，收获前一周不必再补充营养液，这样不会降低产量，但可显著降低硝酸盐含量。

（五）采收

待芹菜长到 30 cm 时即可采收。全生育时期春、秋季 70～85 d，夏季 50～60 d，冬季 80～90 d。

四、浮板毛管水培技术（FCH）

浮板毛管水培是由浙江省农业科学院和南京农业大学于 1991 年共同参考日本的浮根法经改良研制成功的一种新型无土栽培系统。根系环境条件相对稳定，营养液液温、浓度、pH 等变化较小，根际供氧较好，既解决了 NFT 环境不稳定、因临时停水停电营养液供应困难的问题，又克服了 DFT 根系易缺氧的问题。该系统具有成本低、投资少、管理方便、节能、实用等特点。这种水培技术适应性广，适宜我国南北方各种气候条件和生态类型应用。

设施包括种植槽、地下储液池、循环管道和控制系统四部分。除种植槽以外，其他三部分设施基本与 NFT 相同。种植槽由定型聚苯乙烯板做成长 1 m 凹形槽，然后连接成长 15～20 m 的长槽，其宽 40～50 cm，高 10 cm，槽内铺 0.3～0.8 cm 厚的聚乙烯薄膜，营养液深度为 3～6 cm，液面漂浮厚 1.25 cm、宽 10～20 cm 的聚苯乙烯泡沫板，板上覆盖一层亲水性无纺布（作为湿毡，规格为 50 g/m^2），两侧延伸入营养液内，通过毛细管作用，使浮板始终保持湿润。秧苗栽入定植杯内，然后悬挂在定植板的定植孔中，正好把槽内的浮板夹在中间。根系从定植杯的孔中伸出后，一部分根爬伸生长到浮板上，产生根毛吸收氧气，另一部分根伸到营养液内吸收水分和营养。定植板用厚 2.5 cm、宽 40～50 cm 的聚苯乙烯泡沫板覆盖于种植槽上，定植板上开两排定植孔，孔径与育苗杯外径一致，孔间距为 40 cm×20 cm。种植槽坡降 1∶100，上端安装进水管，下端安装排液装置，进水管处同时安装空气混入器，增加营养液的溶氧量。排液管道与储液池相通，种植槽内营养液的深度通过垫板或液层控制装置来调节。一般在秧苗刚定植时，种植槽内营养液的深度保持 6 cm，定植杯的下半部进入营养液内，以后随着植株生长逐渐下降到 3 cm。其他管理参考 DFT。FCH 种植槽横断面见图 5-34。

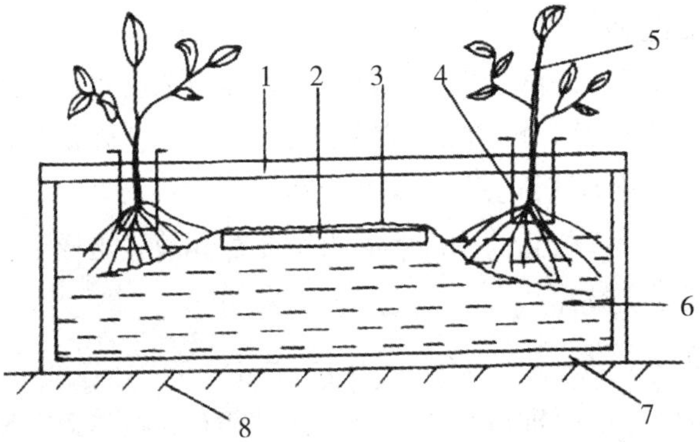

图 5-34 FCH 种植槽横断面示意图

1—定植板；2—浮板；3—无纺布；4—定植杯；5—植株；
6—营养液；7—定型聚苯乙烯种植槽；8—地面

五、深水漂浮栽培技术

深水漂浮栽培技术（Deep Water Floating System）又称浮板水培技术（Floating Hydroponics Technique），是指植物定植在浮板上，浮板在营养液池中自然漂浮的一种水培模式，如图 5－35 所示。它是 DFT 的一种栽培形式。池中营养液深度一般在 10～100 cm 范围内。深水漂浮栽培技术最初由美国亚利桑那大学于 20 世纪 70 年代末研究开发，后经加拿大 HydrONov 公司发展、推广并应用于商业化生产，在加拿大、美国以及我国的北京、深圳等地建立了深水漂浮栽培温室，用于水培蔬菜的商业化生产，推广较快。

(a)　　　　(b)

图 5－35　深水漂浮栽培

（一）设施结构

主要设施包括栽培床、定植板、营养液循环系统、自动控制系统和营养液消毒装置，如图 5－36 所示。栽培床一般为砖和水泥砌成的水池，整个温室内部除两端留出少量的空间作为工作通道及放置移苗、定植的传送装置之外，全部建成一个或数个深 80～100 cm 的水池，整个水池中放入 80～90 cm 深的营养液。在水池底部安装有连接压缩空气泵的出气口以及连接浓缩液分配泵的出液口。池中的营养液通过回流管道与另一个水泵相连接，通过该水泵进行整个储液池中营养液的自体循环。每个栽培床宽 4～10 m，长约 10 m，大型连栋温室里往往多个栽培床平行排列，中间以走道分隔。定植板一般为白色聚苯乙烯泡沫塑料板，用以固定植株。定植板上有许多定植孔，孔距因作物种类和生长阶段的不同而异。定植板依靠浮力漂浮在营养液上，没有其他支撑。

营养液循环系统包括储液池、泵、加液系统、回液系统以及补氧装置。

自动控制系统包括与计算机相连的电导率仪、pH 计、温湿度计、光照测定装置及报警装置等，可以随时对营养液的浓度、酸碱度、温度进行监测，对温室的温度、湿度和光照进行监测，并按照设定程序自动调节营养液 EC、pH 等。

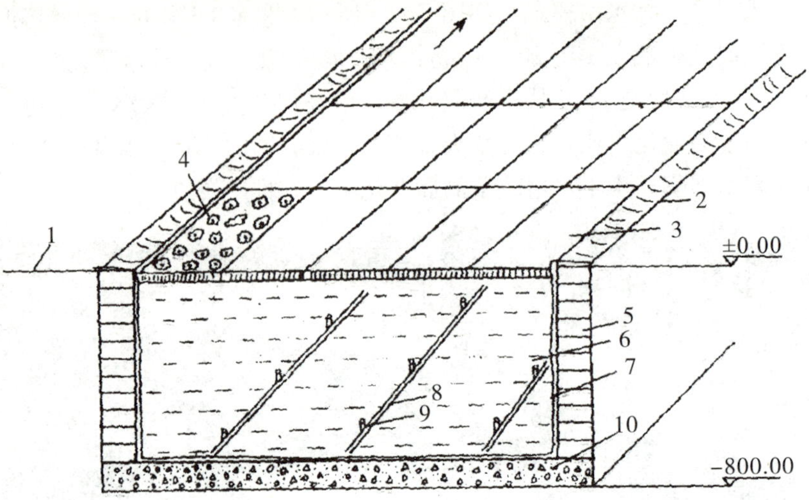

图 5-36　深水漂浮栽培设施示意图

1—地面；2—工作通道；3—泡沫塑料定植板；4—植株；5—槽框；6—营养液；7—塑料薄膜；8—供液管道；9—喷头；10—槽底

（二）栽培管理技术要点

深水漂浮栽培适宜于种植各种叶菜。作物在岩棉育苗块中把岩棉块连小苗定植到聚苯乙烯泡沫塑料板的定植孔中，然后把定植板放在营养液中，借助泡沫板的浮力使作物飘浮在营养液的表面。待作物稍大时将苗从定植板中取出，另行种植在具有较疏株行距定植孔的定植板中。如果种植生菜，整个生长期要进行间疏 3~4 次。初始栽培需要大量的营养液以填满栽培床。以后每次换茬不需更换营养液，只需补充作物消耗的养分和水分。由于该栽培系统的定植板漂浮在营养液上，移动方便，根据植株的大小多次更换定植板以节省温室空间是深水漂浮栽培的特征之一。据此，深水漂浮栽培的单位面积种植株数可提高 1 倍以上。

整个温室中的营养液池根据不同的苗龄大小而分为不同的区域，放入营养液池中的定植板可利用一种设置在温室一端的机构推杆从营养液池的一端沿液面推向温室的另一端。这样，在一个大型的温室中，合理安排播种时间（一般每天都需要播种一定量的种子，保证每天都有一定量的幼苗可定植到营养液池中），就可保证每天都有一定量的产品收获。

（三）特点

深水漂浮栽培因其设施的规模化、现代化，真正实现了蔬菜的工厂化生产，产品质量稳定、均一。紧凑合理的定植方式，快速简便的茬口更换，显著地提高了温室利用率，从而大幅度提高了单位面积的产量。但这一栽培方式投资大、生产成本高，只有产品以较高的价位出售，才能保证获得好的经济效益。因此，深水漂浮栽培温室多建于大城市周边地区，以供应都市居民新鲜高档蔬菜为目的。

1. 优点

（1）营养液量大，缓冲性好，作物根系所处环境的营养成分、pH 和温度相对稳定。

（2）作物漂浮在营养液表面，操作时移动方便。

（3）换茬方便迅速，土地利用率高。

（4）营养液循环使用，省水省肥。

（5）可实现自动化控制和周年生产。

2. 缺点

（1）设施投资成本高。

（2）首次使用营养液用量大，运行费用高。

（3）消毒和无病菌操作要求严格，否则一旦感染病害将难以控制，有时会造成严重损失。

（4）仅适合于种植小株型的作物，种植大株型作物管理不便。

六、小型水培装置

小型水培装置是将深液流水培生产设施微型化的小型无土栽培装置。目前小型水培装置主要有小型 NFT 装置、蔬菜墙、报架式和简易静止水培箱等。其中，小型 NFT 装置很简单，可用一个不漏水的容器（瓶、桶、盆、箱等）和一块带定植杯的定植板及一个黑色的塑料盒组成，如图 5－37 所示。

（a）　　　　（b）

图 5－37　小型 NFT 装置

1. 栽培槽

陶瓷、玻璃、塑料等抗腐蚀的材料制成的瓶、盆、桶、箱等都可作容器，玻璃和白色透光的塑料制品要涂漆或裹黑色塑料使其不透光，以塑料制品最方便实用。面积大小形状不论，视家庭安放的位置而选定，但深度宜控制在15～20 cm。

2. 营养液供给

营养液可储存于黑色带盖的塑料盒或塑料桶中，盒里放一个小型潜水泵，每一个栽培槽连接一个加液管和一个白色的回流管，通过潜水泵将营养液泵入种植槽中，营养液由于重力作用由白色回流管回流到营养盒中。如将潜水泵与定时器相连，可实现定时加液。

3. 报架式

将塑料管按一定的形状和高度做成报架形式，在塑料管中打上相应的定植孔，采用定植杯和海绵固定植株，定植于定植孔中。采用小型 NFT 方式供给营养液，可以充分利用空间，适合于阳台栽培。

七、雾培技术

雾培（Spray Culture）又称喷雾栽培、气雾培，作物的根系悬挂生长在封闭、不透光的容器内，利用喷雾装置将营养液形成雾状，间歇性地喷到作物根系上，以提供作物生长所需的水分和养分的一种无土栽培技术。它是所有无土栽培技术中根系水气矛盾解决得最好的一种形式，同时它也易于自动化控制和进行立体栽培，提高温室空间的利用率。喷雾栽培可根据植物根系是否有部分浸没在营养液层而分为喷雾培和半喷雾培两种类型。喷雾培是指根系完全生长在雾化的营养液环境中的无土栽培技术，如图 5－38 所示；而半喷雾培是指部分根系浸没在种植槽下部的营养液层中，而另外那部分根系则生长在雾化的营养液环境中的无土栽培技术。

图 5－38　喷雾培

（一）设施结构

喷雾培的种植槽可用硬质塑料板、泡沫塑料板、木板或水泥混凝土制成，形状可多种多样。如梯形和 A 形种植槽，槽的底部可用混凝土制成深约 10 cm 的槽，用于盛接多余的营养液。而在槽的上部可用铁条做成梯形或 A 形的框架，然后将已开了定植孔的泡沫塑料定植杯放置在这个框架上方，即可定植作物。种植槽与深液流水培的类似，但槽的深度要比深液流水培的深，可达25～40 cm，在槽的上部放置泡沫定植板，栽培作物时营养液从槽的近上部安装的管道上喷头喷出，而槽底可盛装2～3 cm深的营养液层（即半喷雾培），也可以不保留此营养液层，让多余的营养液随时流回储液池中。

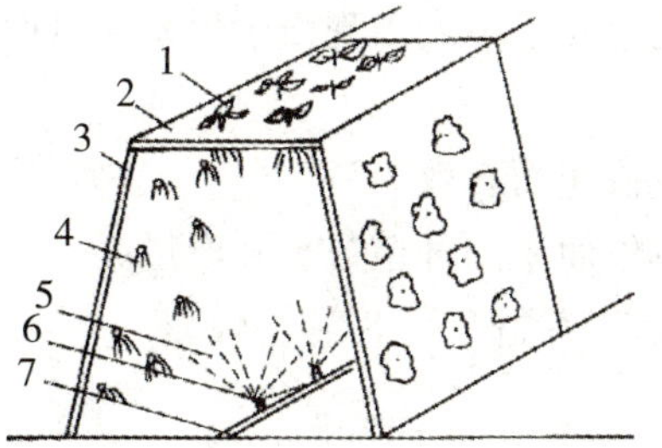

图5－39　梯形喷雾培种植槽示意图

1—植株；2，3—泡沫塑料板；4—根系；5—雾状营养液；6—喷头；7—供液管

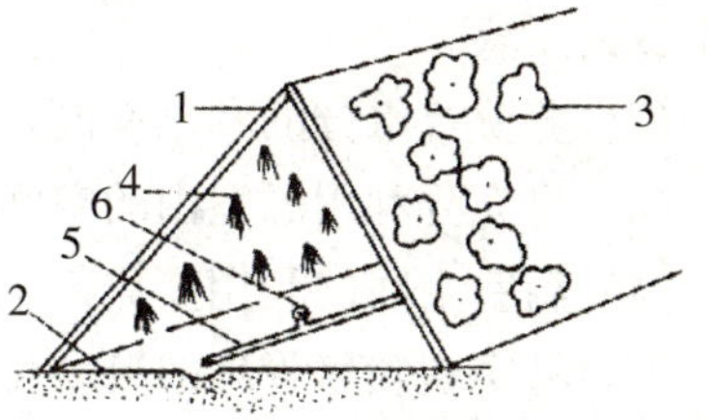

图5－40　A形喷雾培种植槽示意图

1—泡沫塑料板；2—塑料薄膜；3—结球生菜；4—根系；5—供液管；6—喷头

（二）栽培管理技术要点

1. 定植

喷雾培定植方法可与深液流水培的类似。但如果定植板是倾斜的，应用少量的岩棉纤维或聚氨酯纤维或海绵块裹住幼苗的根颈部，再放入定植杯中，然后将定植杯放入定植板中的定植孔内。同时，也可以不用定植杯，直接把用岩棉、聚氨酯纤维或海绵裹住的幼苗塞入定植孔中，此时，裹住幼苗的岩棉、聚氨酯或海绵的量以塞入定植孔后幼苗不会从定植孔中脱落为宜，但也不要塞得过紧，以防影响作物生长。

2. 营养液管理

喷雾培的营养液浓度可比其他水培的高一些，一般要高20%～30%。这主要是因为当营养液以喷雾的形式供应时，附着在根系表面的营养液只是一层薄薄的水膜，因此总量较少，而为了防止在停止供液的时候植株吸收不到足够的养分，就要把营养液的浓度稍为提高。如果是半喷雾培，则不需提高营养液的浓度，可与深液流水培的一样。

喷雾培是间歇供液。供液及间歇时间应视植株的大小以及气候条件的不同而定。当植株较大、阳光充沛、空气湿度较大时，供液时间应较长，间歇时间可较短一些。如果是半喷雾培，供液的间歇时间还可稍延长，而供液时间可较短，白天的供液时间应比夜晚的长，间歇时间则应较短。也有人为了省去每天调节供液时间的麻烦，将供液时间和间歇时间都缩短，每供液5～10 min，间歇 5～10 min，即增加了供液的频度，这样解决了营养液供液不及时的问题，但水泵需频繁启动，其使用寿命将缩短。

（三）特点

1. 优点

（1）可很好地解决根系氧气的供应问题，几乎不会出现由于根系缺氧而生长不良的现象。

（2）养分及水分的利用率高，养分供应快速而有效。

（3）可充分利用温室内的空间，提高单位面积的种植数量和产量。

（4）温室空间的利用要比传统的平面式栽培提高 2～3 倍。

（5）易实现栽培管理的自动化。

2. 缺点

（1）生产设备投资较大，设备的可靠性要求高，否则易造成喷头堵塞、喷雾不均匀、雾滴过大等问题。

（2）在种植过程中，营养液的浓度和组成易产生较大幅度的变化，因此管理技术要求较高。

（3）在短时间停电的情况下，喷雾装置就不能运转，很容易造成对植物的伤害。

（4）作为一个封闭的系统，如控制不当，根系病害易于传播、蔓延。

知识拓展

岩棉培

岩棉培（rockwool culrure）是指以定型的（多数为长方体）、用塑料薄膜包裹的岩棉种植垫为基质，种植时在其表面的塑料薄膜上开孔，安放已育好小苗的育苗块，然后向岩棉种植垫中滴加营养液的一类无土栽培技术，如图 5-41 所示。

图 5-41　岩棉培

1968 年丹麦的 Grodan 公司最早开发出岩棉培，1970 年荷兰试验利用岩棉作基质种植作物获得成功。目前，许多国家都在试验与应用，其中以荷兰的应用面积最大，已达约 2500 hm^2。我国的岩棉原料资源极其丰富，岩棉生产线几乎遍及全国。随着岩棉生产技术的不断更新，岩棉的生产成本还可下降。因此，试验与推广岩棉培技术，对发展我国的无土栽培有着积极意义。

岩棉培分为开放式和循环式两种。开放式岩棉培的特点是供给作物的营养液不循环使用。它的优点是：①设施简单，只需加液设备，造价低；②不会因营养液循环使用而增加病害传播的危险。缺点是营养液消耗较多，且排出的营养液会造成环境污染。

循环式岩棉培的优点是：①营养液循环使用，不会造成环境污染；②30％的水和 50％的肥料可被再利用，减少了营养液的消耗。但循环式岩棉培的设施较复杂，不仅有加液设备，还需回液、储液设备。为防止营养液循环导致的病害传播，荷兰的循环式岩棉培还安装了营养液过滤和消毒装置。

岩棉培的装置包括栽培床、供液装置和排液装置。若采取循环供液，排液装置可省去。

栽培床是用厚 7.5 cm、宽 20～30 cm、长 100 cm 的岩棉垫连接而成的，上面定植带岩棉块的幼苗，外面用一层厚 0.05 mm 的黑色或黑白双面聚乙烯塑料薄膜包裹。每条栽培床的长度以不超过 15 m 为宜。一般采用滴灌装置供应营养液，利用水泵将供液池中的营养液通过主管、支管和毛管滴入岩棉床中。营养液有循环和不循环两种。为防止病害的传播，可采用岩棉袋培的方式，栽培床用聚乙烯塑料薄膜袋，装入适量的粒状棉或一定大小的岩棉垫连接而成。每个袋上分别打孔定植作物。

放置岩棉垫时，要稍向一面倾斜，并在倾斜方向把包岩棉的塑料袋钻 2～3 个排水孔，以便将多余的营养液排除，防止沤根。

在栽培作物之前，用滴灌的方法把营养液滴入岩棉垫中，使之浸透。一切准备工作就绪以后，即可定植作物。岩棉栽培的主要作物是番茄、甜椒和黄瓜，每块岩棉垫上定植 2 株。定植后即把滴灌管固定到岩棉块上，让营养液从岩棉块上往下滴，保持岩棉块湿润，以促进根系在岩棉块中迅速生长，这个过程需 7～10 天。当作物根系扎入岩棉垫后，可以将滴灌滴头插到岩棉垫上，以保持根系基部干燥，减少病害。

项目六　大棚蔬菜周年生产模式的制订

一、蔬菜种植类型

种植类型是指在同一块耕地上，不同年份和同一年份的不同季节，安排作物种类、品种及其前后茬的衔接搭配和排列顺序。种植类型包括连作、轮作、间作、混作和套种等。

（一）连作

连作是指一年内或连年在同一块田地上连续种植同一种蔬菜的种植方式。在一定条件下采用连作，有利于充分利用该地的气候等自然资源，大量种植生态上适应且具有较高经济效益的作物。生产者通过连续种植，也较易掌握某一特定作物的栽培技术。但连作往往会造成多种弊害：①病原菌累积严重，病虫害发生频繁，逐渐加重。尤其是土传病害不断发生，如十字花科的软腐病、菌梗病，茄果类的枯萎病、根腐病、立枯病，瓜类的猝倒病、疫病、枯萎病，已成为生产的主要威胁。②土壤变劣造成土壤微生物活性降低，养分分解作用下降；作物酶活性降低，细胞分裂减缓，膜结构遭破坏，从而影响矿物质元素的吸收运输。③土壤含盐量及 pH 失衡随栽培年限的延长而加重，并逐渐向表层聚集，造成表土层板结，理化性恶化，pH 增高，影响作物对养分的吸收。

（二）轮作

轮作是在同一区的菜地上，有顺序地在不同季节或年间轮换种植不同的蔬菜或复种组合的一种种植方式。轮作可以均衡地利用土壤养分；可以调节土壤理化性状，调节土壤肥力；能减轻病虫害的危害；能减少田间杂草危害。大棚蔬菜轮作制度应掌握以下原则与方法：①将具有不同病虫害的蔬菜进行轮作；②将深根性与浅根性及对养分要求差别较大的蔬菜进行轮作；③具有不同分泌物的蔬菜进行轮作；④将对土壤酸碱度 pH 要求不同的蔬菜进行轮作。如把需要氮较多的叶菜类、需磷较多的果菜类和需钾较多的茎菜类进行轮作，就能充分利用土壤中所含的不同养分。把深根性的豆类、瓜类、茄果类同浅根性的白菜、甘蓝、黄瓜、葱蒜类进行轮作，可充分利用不同土层中的养分。如黄瓜、茄子一般间隔 5～6 年，番茄、辣椒、甘蓝、菜豆等间隔 3 年以上，菠菜、韭菜、葱等需间隔 1 年以上，蒜、小白菜、花菜、菜豆等连作可极大降低病虫害的危害。

（三）间作

间作是指将两种或两种以上生育季节相近的蔬菜在同一田块上同时或同季节成行或成带的相间种植的方式。间作可提高土地利用率，提高光能利用率，通常将高的喜阳作物与矮的喜阴作物进行间作。

（四）混作

混作是指将两种或两种以上生育季节相近的作物按一定比例混合种在同一块田地上的种植方式。多不分行，或在同行内混播，或在株间点播。混作通过不同作物的恰当组合，可提高光能和土地的利用率，在选用耐旱涝、耐瘠薄、抗性强的作物组合时，还能减轻自然灾害和病虫害的影响，达到稳产保收。

（五）套种

套种是指在前季作物生长后期的株、行或畦间播种或栽植后季作物的种植方式。与间作不同，套种中前后蔬菜的生长期是紧密衔接的。蔬菜套种包括两种情况：一是前茬作物的生长后期套入生长初期的蔬菜；二是利用后作蔬菜有一个较长的缓慢生长期，在行、畦间种植生长期较短的蔬菜。

二、大棚蔬菜周年生产模式的制订原则

大棚蔬菜的周年生产安排，必须适应市场，因地制宜、因棚制宜。在茬口安排上一般应掌握以下几个原则：第一，熟悉常见蔬菜的生物学特性；第二，掌握一定的气象知识，特别要了解当地的气候变化特点；第三，掌握大棚设施内的小气候特点及变化规律，并学会如何人为调控大棚小气候；第四，根据市场价格，把蔬菜的采收高峰期安排在蔬菜价格最高的时期；第五，把蔬菜成熟期安排在最适宜蔬菜生长的季节，只有高产与高价结合，才能取得高的效益，减少管理难度和生产损失；第六，要考虑与其他蔬菜轮作换茬，以减轻病虫害，防止土壤次生盐渍化，有利于发挥土壤中各种营养成分的作用。

三、大棚蔬菜周年生产模式

根据四川地区的气候特点、四川地区大棚类型及大棚气候调节方式、四川地区常见病的发生特点，结合生产实际总结制订了以下四川大棚周年生产

模式。

（一）育苗→栽培型

1. 冬季育苗→春季早熟栽培→夏季育苗→秋冬季栽培

冬季育苗一般在10月至翌年的1月中下旬进行，茄果类一般采用冷床或穴盘育苗，瓜类和豆类一般于12月采用温床育苗。2月上中旬定植于大棚，进行春季早熟栽培，6月采收完成。夏季6～7月培育秧苗，如甘蓝、花椰菜、番茄、黄瓜、辣椒等。8月定植秋冬季栽培的蔬菜，如秋番茄、黄瓜、叶菜、芹菜、葱蒜等。

2. 育苗→茄果类（黄瓜）＋莴笋→育苗→秋冬蔬菜

10月上中旬至11月上旬育茄果类苗，2月下旬移栽茄果类蔬菜，行间套种莴笋，3月下旬至4月上旬收莴笋；4月下旬开始采收茄果类菜，6月下旬收获完成；6月下旬育秋冬菜秧苗，如白菜、甘蓝、芹菜等；8月中旬定植秋冬蔬菜，10月中旬至12月采收秋冬蔬菜。

3. 生姜→育苗→秋淡菜（小白菜、莴笋）→育苗

2月中下旬开始栽培生姜，子姜在6月上中旬收获，6月下旬育秋冬菜秧苗，8月上中旬撒播小白菜或莴笋，秋淡菜可收两熟小白菜或一熟莴笋，10月中旬育茄果类苗。

4. 辣椒（黄瓜）＋莴笋→育苗（或秋淡菜）→冬寒菜（芹菜）

2月下旬栽辣椒或黄瓜，行间栽培莴笋，4月开始收获辣椒或黄瓜，6月收获完成，6月下旬育秋冬菜秧苗，若不育苗，可种二至三熟小白菜或一熟莴笋，10月上中旬种冬寒菜（芹菜），冬寒菜（芹菜）从11月至翌年2月采收。

5. 育苗（蕹菜）＋落葵→育苗→秋淡菜（小白菜）→秋冬菜

3月上旬育蕹菜苗或播落葵或栽菜豆，蕹菜（藤菜）在4月下旬至5月上旬作秧苗出售，5月上旬至6月中旬可催芽撒播两熟落葵，6月下旬育秋冬菜秧苗，8月中旬撒播小白菜，9月中下旬栽培秋冬菜。

（二）栽培→栽培型

1. 春早熟→绿叶菜→秋延后

以栽培蔬菜为主，结合育苗主要有两种形式：一是2月定植春季早熟栽培茄子、番茄、黄瓜、辣椒等，6月中旬采收完成，6月下旬撒播夏季种植速生蔬菜，如小白菜、油麦菜等；二是8月定植秋季栽培蔬菜，如黄瓜、番茄、甘蓝、花椰菜，11～12月采收完成，12月定植冬季栽培芹菜、菠菜、生菜、葱蒜类蔬菜。

2. 黄瓜→秋延后樱桃、番茄→春辣椒

2月上旬种春黄瓜，4月下旬采收黄瓜，6月采收完成；6月下旬至7月上

旬播种樱桃、番茄，8 月底定植，9～12 月上市，10 月覆盖大棚膜保温，可多重覆盖，使其延长至元旦节供应鲜食番茄，来年 1 月清园。

3. 豆类蔬菜→小白菜→瓜类、茄果类→越冬萝卜

豆类蔬菜一般种植豇豆或四季豆，豆类蔬菜于 2 月上中旬在大棚内播种育苗，3 月定植于大棚中，4 月下旬开始采收，6 月中旬采收结束。小白菜于 6 月下旬撒播，生长周期为 30 天左右。瓜类于 7 月下旬播种育苗，8 月中旬定植，11 月采收结束。茄果类蔬菜 7 月上旬播种育苗，8 月上旬定植，12 月采收结束。越冬萝卜 12 月可直播。

4. 茄果类→豇豆→瓜类

茄果类蔬菜于 10 月上中旬开始采用穴盘育苗，幼苗越冬，2 月上中旬定植，4 月下旬开始采收，6 月下旬采收完成，豇豆 6 月下旬直播，7～8 月采收，瓜类蔬菜 7 月上中旬播种，8 月中下旬定植，9 月下旬开始采收，11 月采收结束。

5. 早春大棚瓜类蔬菜→秋延后茄果类蔬菜

早春瓜类蔬菜于 1 月中下旬电热温床育苗或 2 月中下旬冷床育苗，2～3 月定植，6 月下旬至 7 月初采收结束。秋延后茄果类蔬菜于 6 月上中旬播种育苗，7 月中旬前后定植，并延后采收供应到 12 月。

6. 早春黄瓜→越夏豇豆→秋冬蔬菜

早春黄瓜在 1 月中旬用电热温床育苗，苗期 30 天左右，2 月中旬定植于大棚中，4 月下旬开始采收，6 月中旬左右采收完成，在黄瓜收获结束的前一周左右，即 6 月上旬左右，将豇豆直播于黄瓜架边，当豇豆出土时，拔出黄瓜苗，清理田园，豇豆可直接在黄瓜架上生长，豇豆品种一般采用早熟的成豇系列或银豇系列，豇豆播种后 40 天左右，7 月中旬可采收，移栽可采收至 8 月下旬至 9 月初，豇豆采收后，可定植棒菜、花椰菜、莴笋等秋冬蔬菜。

（三）水旱轮作型

1. 春早熟茄果类→水稻→秋辣椒

早春 2 月上旬（立春前后）大棚内定植早熟的茄果类、瓜类豆类蔬菜，4 月上旬采收，6 月上旬（端午）采收完成，拔出大棚架子，定植水稻，水稻“散籽”（九成熟）时即 8 月上旬放干水稻田，8 月中下旬水稻收获后，辣椒于 8 月底定植，辣椒可选择用早熟、耐热的品种，9 月底插上钢管或竹竿扣棚，辣椒可采收至 12 月。这种水旱轮作的方式，可减少病虫害的发生，提高土地的利用率。

2. 草莓→水稻→秋马铃薯（青蒜）

草莓于 8 月底 9 月初定植，10 月下旬盖大棚膜，11 月下旬可上市，采收至翌年5月。竹架大棚去掉棚膜，拔掉竹竿，钢架大棚去掉棚膜，水稻栽培季节为6月上旬定植，水稻“散籽”（九成熟）时即8月上旬放干水稻田，8月中下旬收获。水稻收获后，晒田2～3天，直接播种马铃薯或青蒜，青蒜品种为软叶子、云顶早、成蒜早、雨水早和正月早等，稻草覆盖，11月收获马铃薯或青蒜。

3. 早春瓜类（茄果类）→水稻→直播芹菜

早春2月上旬（立春前后）竹架大棚内定植早熟的茄果类、瓜类豆类蔬菜，4月上旬采收，6月上旬（端午）采收完成，拔出竹架，定植水稻，水稻“散籽”（九成熟）时即8月上旬放干水稻田，8月中下旬水稻收获后，8月下旬直接撒播催芽的芹菜，芹菜品种以成都地区二黄芹为主，当芹菜长到15 cm左右时，开始间苗，间出的小苗直接用于调味品销售，芹菜于11月可陆续上市，一直可采收至来年的3月。

4. 早黄瓜→水稻→大白菜→莴笋

黄瓜采用早熟品种，如津春、津优系列黄瓜2号、4号，1月中旬育苗，2月中旬定植于大棚，用地膜加小拱棚覆盖，4月下旬～6月上旬采收。6月上旬定植一季水稻，当水稻“散籽”（九成熟）后，将水田放干，于8月中、下旬收割后，立即栽大白菜，用极早熟品种夏阳等，10月上中旬采收。然后再定植莴笋，莴笋可采用竹叶青等品种，莴笋定植后于来年2～3月收获。

5. 番茄→水稻→大葱

番茄10月初育苗，品种选用早丰、合作903等早熟品种，2月上旬地膜加拱棚覆盖栽培，4月下旬～6月采收。6月定植一季水稻，谷穗九成熟时，于8月初将稻田水放干，8月中旬水稻收获后，立即翻土整地，大葱于6月上旬播种育大葱秧苗，8月中下旬定植。大葱10月中旬～11月上旬收获。

6. 茄果类→水稻→莴笋→莲白或花菜

2月上中旬定植茄果类蔬菜，采用地膜加小拱棚加大棚覆盖栽培，4月下旬～6月底采收后，关水整地种水稻。水稻“散籽”时放水，8月收割后，整地施肥，定植莴笋，10下旬莴笋开始采收前在莴笋行间套种莲白或花菜，莲白或花菜在春节前后收，2月下旬～3月上旬又栽茄果类或瓜类。

7. 早春茄果类蔬菜→水稻→秋延后瓜类蔬菜

早春大棚茄子在9月底10月初播种，辣椒在10月上旬播种，番茄在10月中旬播种育苗，均在2月上旬定植到大棚，6月上旬采收结束并进行清园。如是钢架大棚，将大棚膜掀起至棚腰（如是竹架大棚，可回收竹架，下年再插上），棚内灌水整地，种植水稻，8月中下旬水稻收获后，翻耕栽种秋延后蔬菜。秋延后瓜类蔬菜可种植黄瓜、西葫芦等，瓜类蔬菜于7月中下旬至8月中旬播种育苗，8 月下旬至 9 月上旬定植，11 月前采收结束。通过水旱轮作，可改善土壤结构，减轻病虫害的发生，对多年种植的大棚有较好的改良效果。

（四）套种型

1. 极早熟蕹菜→套作越夏苦瓜→萝卜

极早熟蕹菜栽培一般选用柳叶空心菜、竹叶空心菜、四川旱蕹菜、泰国空心菜等子蕹品种，于 1 月底 2 月初播种，为防治低温阴雨烂种，播种前应先浸种催芽，种子用 30℃左右的温水浸泡 12 h，捞出控净多余水分，用农膜包好后放在电热毯上催芽，有条件的地方可放在催芽箱中在 30℃环境下催芽。每天用 25～30℃温水冲洗 2 遍，2 天出芽，3 天齐芽后播种，播种多采用撒播，播种后覆盖地膜密闭大棚保温保湿，蕹菜出苗后揭去地膜，密闭大棚，4 月蕹菜即可上市。4 月将嫁接苦瓜定植于大棚两侧，每 667 m^2可定植 64～80 株，6 月蕹菜采收完成，苦瓜爬满棚架，苦瓜于 7 月采收，一直可采收至 10 月底 11 月初。清理苦瓜后可播种白玉春等春不老萝卜。

2. 早春辣椒→耐热瓜类→青花菜

早春辣椒选用早熟、耐低温弱光的线椒或菜椒，头年的 10 月上中旬播种，采用穴盘育苗，大苗定植，于 2 月上旬定植于大棚内，大棚加小拱棚加地膜保温栽培，4 月中下旬辣椒开始采收，4 月中下旬在大棚两侧定植苦瓜、丝瓜或南瓜，每 667 m^2可定植 80～120 株，5 月上旬揭膜时，在棚架上铺 25～40 cm 的栽培网，将瓜类的蔓引上棚架，6 月初瓜类蔬菜开始封棚，辣椒采收结束，拔出辣椒。6 月下旬瓜类开始上市，同时大棚下可套作芹菜、香菜、小白菜等。10 月瓜类蔬菜采收完成后，可扣棚，在大棚内定植经济价值较高的青花菜，青花菜在 8 月下旬采用穴盘漂浮育苗，苗龄 50 天左右，10 月中旬定植，在 11 月下旬到 12 月进入结球期，春节前上市后，2 月上旬青花菜采收完成，可种植早春蔬菜。

3. 蕹菜→生姜→套作瓜类→喜凉蔬菜

2 月上旬（立春前后）定植生姜，生姜催芽后，将姜块平放在沟底，使种芽斜向上，并朝一个方向摆放，覆平土后种植蕹菜，经催芽的蕹菜及时入棚摆种在生姜行内，摆种后薄盖一层细土，再覆盖一层小拱棚，蕹菜种下 25～30 天即可采摘第一批。当春季日平均气温达到 10℃以上，去掉小拱棚，4 月上中旬，姜苗出土后应注意及时将姜行上的蕹菜清除，5 月中旬后蕹菜价格下降，姜进入旺盛分蘖期后将蕹菜全部拔除，同时去掉棚膜，5 月下旬至 6 月上旬仔姜开始采收时，日照较强，不利于生姜生长，在清明前后在棚周围种植丝瓜、苦瓜、冬瓜等遮阳，仔姜在 7 月收获完成，丝瓜、苦瓜、冬瓜可采收至 10 月，瓜类收获完成后可栽培甘蓝、白菜或花椰菜等喜凉蔬菜。

4. 白菜（甘蓝）→嫁接冬瓜套作→四季豆

白菜用春播专用型品种，如春福皇、甘蓝采用冬性强的品种，1 月上中旬播种，2 月中旬大棚定植，地膜覆盖，1.7 m 包沟做高厢，3 个厢为一种植单元，行距 40 cm，株距 35～40 cm，4 月上中旬（清明前后）收获。4 月上中旬定植冬瓜，行距 2.5 m，株距 70 cm，400 株/667 m^2，常用的品种为吉乐冬瓜（台湾农友生产，极早生，生长强健，耐湿、耐寒、耐热，耐病毒病、白粉病、炭疽病力强，抗日烧病，结果力强）。肥力差的地可加大密度，4 月下旬搭棚架：长 8 m，粗 2 cm 热镀锌钢管（75 根），钢管两边 1.4 m 处起弯，打孔后插入钢管，埋深 40 cm，后期用竹竿支撑，在冬瓜伸蔓期，用宽 8 m，孔约一尺的塑料网铺到骨架上，下部固定在拱杆基部，将冬瓜苗引上棚，冬瓜 6 月下旬收获，8 月下旬收获完成，以冬瓜棚架为基础，8 月上旬，在冬瓜棚架两边，每隔 45～50 cm 打一定植穴，播 5 粒菜豆种子，覆土，每 667 m^2 用种量 2 kg，播种 10 天后，收完冬瓜及时拔出冬瓜苗并将伸蔓的无筋豆苗引苗上架，无须另外施肥，9 月下旬～11 月上旬收获，每 667 m^2 产 1000～1500 kg。图 6－1 为白菜－冬瓜套作。图 6－2 为甘蓝－冬瓜套作。

图 6－1　白菜－冬瓜套作

图 6－2　甘蓝－冬瓜套作

5. 辣椒（茄子）→嫁接苦瓜套作

辣椒选用四川地区喜欢的二荆条辣椒，茄子采用墨茄，辣椒（茄子）在 10 月上旬采用穴盘育苗越冬，苗期注意防寒保温，越冬时苗已长成，采用大棚套小拱棚，立春前后定植到大棚中，覆盖白色地膜，每 667 m^2 定植 3000 株左右，保温，3 月中下旬，在大棚两侧定植嫁接苦瓜，株距 1.5 m 左右，每 667 m^2 定植 64～80 株。4 月

图 6－3　辣椒－嫁接苦瓜套作

中下旬开始采收辣椒（茄子），5 月揭开棚膜，在大棚骨架上铺设网，引蔓苦瓜到网上。6 月中下旬辣椒（茄子）采收完成，苦瓜藤蔓爬满整个大棚，苦瓜在 7 月开始采收，一直采收到 11 月。图 6－3 为辣椒－嫁接苦瓜套作。

6. 早春冬瓜→套种生姜→棒菜→越冬萝卜

冬瓜 1 月采用电热温床育苗，冬瓜品种一般采用小型冬瓜品种，如成都五叶子、早粉 1 号、碧绿翡翠等，2 月中下旬定植到大棚中，地膜覆盖每厢种一行，每 667 m^2定植 1000 株，生姜于 4 月上旬播种于冬瓜厢内，7～8 月收获。9 月初定植棒菜，棒菜于 11 月底收获完成，11 月底搭建大棚，直播越冬萝卜，萝卜品质一般采用春不老萝卜，2～3 月收获萝卜。图 6－4 为茄子－嫁接苦瓜套作。

图 6－4　茄子－嫁接苦瓜套作

知识拓展

大棚蔬菜生产成本核算

一、蔬菜生产成本的构成

大棚蔬菜生产的成本由地租、人工费、农用物资、折旧费、其他等构成。

（一）地租

地租是指种植蔬菜的年土地使用费。

（二）人工费

人工费是指种植蔬菜的人工工资，包括工人及管理人员工资。我国的蔬菜生产仍以手工劳动为主，因此人工费用在蔬菜产品的成本中占有较大比重。人工消耗折算成货币比较复杂，种植户可视实际情况计算雇工人员的工资支出，也要把自己的人工消耗算进去。

（三）农用物资

农用物资是指种植蔬菜使用的农用物资，包括农药，肥料，其他防寒、防冻、防虫等物资。

（四）折旧费

折旧费是指固定资产使用折旧费，包括交通工具、机械用具、大棚、仓库、厂房、水井、蓄水池、水管、道路等建筑物、构筑物、交通工具及灌溉设施等折旧，蔬菜种植使用的大棚、中小拱棚、棚膜、地膜、防虫网、遮阳网等设施。根据实际使用情况计价。对于可多年使用的大棚、防虫网、遮阳网等设施要进行折旧，一次性的地膜等可以一次计算。折旧费可按以下公式计算：

折旧费＝（物品的原值－物品的残值）×本种植项目使用年限/折旧年限

（五）机械费用

机械费用如请别人操作或租用农机具作业的，按所支付的金额计算。如用自有的农机具作业的，应按实际支付的油料费、修理费、机器折旧费等费用折算出每667 m^2 支付金额加上折旧费用，再按蔬菜面积计入成本。

（六）灌溉费用

如无喷灌、滴管等设备，排灌费按蔬菜实际排灌的面积、次数和实际收费金额计算，如有喷灌、滴管等设备，则按折旧费算入成本中。

（七）管理费和其他支出管理费

种植户为组织与管理蔬菜生产而支出的费用，如旅差费、邮电费、调研费、办公用品费等。承包费也应列入管理费核算。其他支出如运输费用、货款利息、包装费用、租金支出、建造栽培设施费用等也要如实入账登记。

二、大棚蔬菜生产的成本核算

核算成本首先要汇总某种蔬菜的生产总成本，在此基础上计算出该种蔬菜的单位面积（667 m^2）成本和单位质量（kg）成本，生产某种蔬菜到销售完成所消耗掉的物质费用加上人工费用，就是某种蔬菜的生产总成本（见表 6－1）。

生产总成本＝生产成本＋制造费用

单位面积成本＝生产总成本/种植面积

单位质量成本＝（生产总成本－副产品的价值）/总产量

表 6－1　大棚蔬菜成本核算表（每一种蔬菜）

<table>
<tr><td>种植蔬菜种类</td><td></td><td>种植面积</td><td></td></tr>
<tr><td>构成要素</td><td colspan="2">具体项目</td><td>费用（元）</td></tr>
<tr><td rowspan="9">折旧费</td><td rowspan="4">钢架结构大棚
（可用 10 年）</td><td>大棚骨架</td><td></td></tr>
<tr><td>内膜（3 年换一次）</td><td></td></tr>
<tr><td>遮阳网（3 年换一次）</td><td></td></tr>
<tr><td>其他</td><td></td></tr>
<tr><td rowspan="4">竹木结构大棚
（可用 3 年）</td><td>竹木大棚</td><td></td></tr>
<tr><td>内膜（每换更换）</td><td></td></tr>
<tr><td>遮阳网（3 年换一次）</td><td></td></tr>
<tr><td>其他</td><td></td></tr>
<tr><td>农机</td><td></td><td></td></tr>
<tr><td rowspan="3">工人费用</td><td colspan="2">临时工人工资</td><td></td></tr>
<tr><td colspan="2">固定工人工资</td><td></td></tr>
<tr><td colspan="2">管理人员工资</td><td></td></tr>
<tr><td>土地租金</td><td colspan="2"></td><td></td></tr>
<tr><td rowspan="3">农资</td><td>种子</td><td></td><td></td></tr>
<tr><td>肥料</td><td></td><td></td></tr>
<tr><td>农药</td><td></td><td></td></tr>
</table>

续表6-1

电费		
水费		
其他费用		
合计		

三、大棚蔬菜生产成本核算实例

某大棚蔬菜生产基地占地 33350 m^2，钢架大棚 13340 m^2，竹木大棚 13340 m^2，用工 18 人，其中固定工 10 人，临时工 8 人。

大棚蔬菜生产成本核算：

（1）折旧费。

①钢架结构大棚造价 9000 元/667 m^2，可用 10 年，年摊销折旧费 18000 元。

②竹木结构大棚造价 3000 元/667 m^2，可用 3 年，年摊销折旧费 20000 元。

③微耕机 4000 元，折旧费 1000 元，做厢机 4000 元，折旧费 1000 元。

（2）土地租金：40000 元。

（3）种子：10000 元。

（4）肥料：40000 元。其中有机肥 24000 元，生物肥、化肥 16000 元。

（5）杀虫剂、壮苗剂、杀菌剂：25000 元。

（6）电费：5000 元。水费：无。

（7）工人工资：200000 元。

（8）其他费用：6000 元。

总成本：361000 元。

附表　部分蔬菜的千粒重、每克种子的粒数及每 667 m^2 需种量

蔬菜名称	千粒重（g）	每克粒数	每 667 m^2 需种量（g）	种植方式
大白菜	1.5～3.6	278～667	50～150	育苗或直播
小白菜	1.5～1.8	556～667	150	育苗
菜心	1.5～1.8	556～667	250	直播
结球甘蓝	3.0～4.3	233～333	50	育苗
花椰菜	2.5～3.3	303～400	50	育苗
芥蓝	2.5～3.2	303～400	50	育苗
小萝卜	7～8	125～143	400～500	直播
大萝卜	8～10	100～125	1000～1500	直播
胡萝卜	1～1.1	9～10	1500～2000	直播
芹菜	0.5～0.6	1667～2000	1000	直播
苋菜	0.73	1348	4000～5000	直播
芫荽	6.85	146	2500～3000	直播
生菜	0.8～1.2	800～1250	50～75	育苗
结球莴苣	0.8～1.0	1000～1250	50～75	育苗
大葱	3.0～3.5	286～330	300	育苗
韭菜	2.8～3.9	256～357	5000	育苗
茄子	4～5	200～250	50	育苗
辣椒	5～6	167～200	150	育苗
小番茄	2.8～3.3	303～357	25～30	育苗
大番茄	3.2～4	250～350	40～50	育苗
黄瓜	25～31	32～40	125～150	育苗
冬瓜	42～59	17～24	150	育苗
南瓜	140～350	3～7	150～200	直播
西葫芦	140～200	5～7	200～750	直播
丝瓜	100	10	120～300	育苗或直播
西瓜	60～140	7～17	100～150	直播
苦瓜	139	7	600	直播
甜瓜	30～55	18～33	100	育苗
菜豆（矮生）	500	2	2000	直播
菜豆（蔓生）	180	5～6	1500～2000	直播
豇豆	81～122	8～12	1000～1500	直播

参考文献

[1] 中国农业科学院蔬菜花卉研究所．中国蔬菜栽培学［M］．2版．北京：中国农业出版社，2010.

[2] 张彦萍．设施园艺［M］．2版．北京：中国农业出版社，2010.

[3] 汪炳良．南方大棚蔬菜生产技术大全［M］．北京：中国农业出版社，2000.

[4] 黄裕蜀．南方蔬菜保护地栽培技术［M］．成都：四川出版集团天地出版社，2006.

[5] 张汝全．粮经复核规范化高效栽培技术［M］．成都：四川大学出版社，2008.

[6] 李宝聚．蔬菜病害诊断手记［M］．北京：中国农业出版社，2014.

[7] 浙江农业大学．蔬菜栽培学总论［M］．北京：农业出版社，1984.

[8] 汪李平，黄树萍．蔬菜科学施肥［M］．北京：金盾出版社，2007.

[9] 高中强，丁习武．茄果类蔬菜［M］．北京：中国农业大学出版社，2006.

[10] 韩世栋．蔬菜生产技术［M］．北京：中国农业出版社，2006.

[11] 范双喜．现代蔬菜生产技术全书［M］．北京：中国农业出版社，2004.

[12] 韩世荣．无土栽培学［M］．北京：中国农业出版社，2003.

[13] 全峰．南方豆类蔬菜反季节栽培［M］．北京：金盾出版社，2003.

[14] 李世军．设施蔬菜学［M］．北京：中国农业出版社，2002.

[15] 胡繁荣．设施蔬菜学［M］．上海：上海交通大学出版社，2001.

[16] 吴志行．蔬菜设施栽培新技术［M］．上海：上海科学技术出版社，2001.

[17] 韩世栋．蔬菜栽培［M］．北京：中国农业出版社，2001.

[18] 杨林林，张海文，韩敏琦，等．水肥一体化技术要点及应用前景分析［J］．安徽农业科学，2015（16）：23－25.

[19] 饶贵珍，肖波，吴广宇．蔬菜漂浮育苗技术［J］．长江蔬菜，2008

(8)：35.

[20] 黄启元，胡正月．南方早春大棚蔬菜高效栽培实用技术［M］．北京：金盾出版社，2005.

[21] 詹成波．蔬菜［M］．成都：四川教育出版社，2009.

[22] 袁子鸿，刘济东．早春蕹菜设施大棚保温栽培技术［J］．长江蔬菜，2006 (11)：16－18.

[23] 王迪轩，刘丽琼．早春蕹菜大棚促成栽培技术［J］．农业知识（致富与农资），2009 (2)：21.

[24] 先本刚，詹成波，张建军．碧秀苦瓜嫁接网式配套栽培技术［J］．长江蔬菜，2008 (7)：14－15.

[25] 兰锐，尹鹏，李春文，等．碧秀苦瓜嫁接技术及嫁接苗的栽培管理［J］．四川农业科技，2009 (3)：12－13.

[26] 杨新琴，赵建阳．蔬菜高效种植模式集萃［M］．浙江：浙江科学技术出版社，2010.